コミュニティと共生する地熱利用

エネルギー自治のためのプランニングと合意形成

編著
諏訪亜紀
柴田裕希
村山武彦

著
江原幸雄
安川香澄
錦澤滋雄
馬場健司
木村誠一郎
上地成就
山東晃大
長谷川明子

学芸出版社

もくじ

日本の地熱発電所

出典：日本地熱協会HPをもとに作成（http://www.chinetsukyokai.com/information/nihon.html、2018年3月閲覧）

本書について

・本文中の「下線付語句」は、巻末p.233〜238の用語解説と対応している。
・本文および図表中に示された出典は、各章・節・項末の参考文献と対応している。
・本書に掲載する情報は2018年3月現在のものである。

序

進化し続ける日本の地熱利用

諏訪亜紀

1. 今、地熱を再発見するということ

(1) 地熱発電の「第一印象」

わが国では、2011年3月11日の東日本大震災の発生と〈福島第一原子力発電所〉事故以降、確実に再生可能エネルギーへの関心は高まった。しかし、よほどエネルギー関連の情報に詳しくない限り、再生可能エネルギーにはどのような種類があるか、網羅的に挙げることは難しいようだ。試しに、「再生可能エネルギーとして思いつくものは？」と大学生に聞いてみよう。返ってくる答えは、「太陽光発電」「風力発電」「水力発電」、ニッチなところで「バイオマス発電」、ときて最後にやっと「地熱発電」が出てくるのが大体のパターンではないだろうか（再生可能エネルギーについては、1.1節で詳しく説明）。

「地熱発電」。まず字面に華が感じられない。地味の「地」に「熱」。全体的に画数も多い。地「熱」というのに「発電」がついている。しかも発電だけでなく「熱利用」も同時に行うらしい……もうこうなると熱なのか電力なのかよくわからない。

日本は火山国だ。火山やマグマ、温泉はおそらく諸外国よりも馴染み深いが、

実際のところ地熱発電を身近に感じる機会はあまりない。ではどうして、地熱発電は知名度が低いのだろう？　「どうせ、コストが高いから普及していないとか、そんなところだろう。やはり再生可能エネルギーとか地熱発電などではなく、今までどおり火力や原子力に頼るのがエネルギー安定供給というものではないだろうか」……大学でエネルギー政策を教えると、このような保守的な考えの学生に遭遇することがある。確かに、地熱はその性質上山間部に資源があるため、都会の人間からは距離があり、身近にその存在や意義を感じるきっかけは少ないかも知れない。しかし、地熱はとても理解しやすいエネルギー利用方法である。壮大な惑星の成り立ちをベースにしていながらも、その原理は唖然とするほどシンプルだ。

詳細は第1章で扱うが、基本的に、地球という惑星内部にエネルギーが蓄積される宇宙物理学的現象を基に、熱（マグマ溜まり）、器（地熱貯留層）、水（地熱流体）の三要素で蒸気発電を行うのが地熱発電の最もポピュラーな構図だ（図1、1.2節に詳しい）。

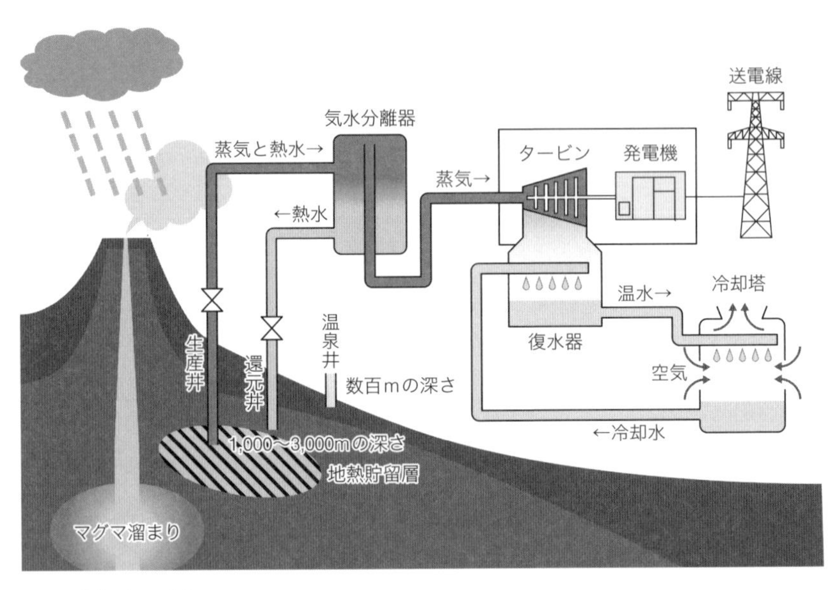

図1　地熱発電の仕組み（出典：JOGMEC HP をもとに作成）

(2) 国内外で進む地熱発電の再発見

再生可能エネルギーというと、太陽光発電や風力の変動性が問題視されることが多い。しかし地熱は地下に蓄えられたエネルギーを利用するため、天候や季節に左右されない安定電源である点が、ほかの再生可能エネルギーと大きく異なる。また、ライフサイクル CO2 排出量[注1]は原子力以下である（図 2）。

地熱は、建設コストが他の電源よりも比較的高い。しかしトータルで見た発電コストは再生可能エネルギー中で最も低いレベルであり、クリーンかつリーズナブルな発電方法だ。

また、日本はエネルギー資源小国と言われるが、それは化石燃料に由来した表現であり、化石燃料以外のエネルギー資源は決して少ないわけではない。こと地熱エネルギーに関しては、日本は世界でもインドネシア、アメリカに次いで世界第 3 位の資源量があるとされる（村岡ほか、2008）。このような豊富な資源量を背景に、特に東日本大震災以降、地熱発電にはあらためて期待がかかっている。また、純粋な電源として以上に地熱のエネルギーを自らの生活に利用してゆきたい、と考える人々も増えつつあり、地域活性化に役立てる動きが

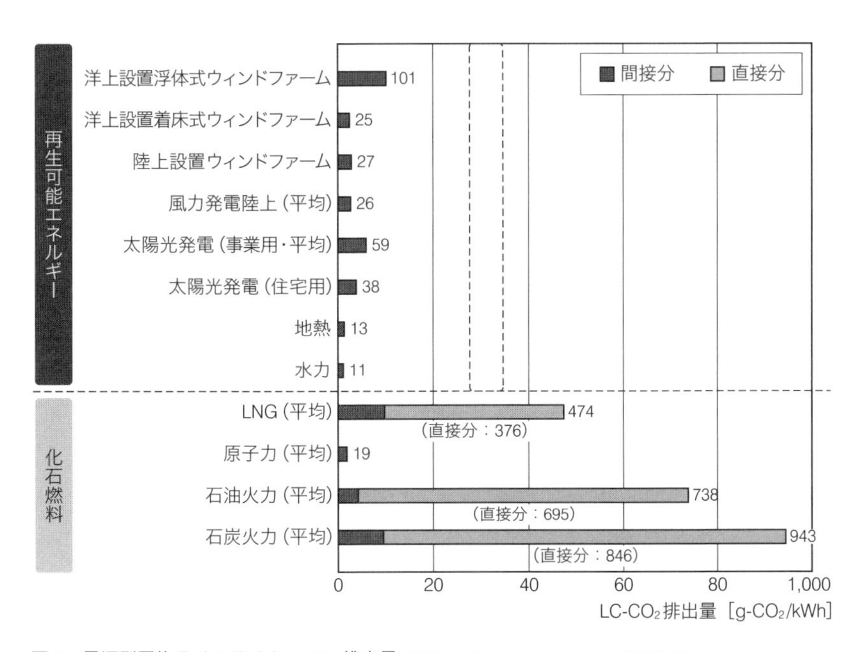

図 2 電源別平均ライフサイクル CO_2 排出量（出典：今村ほか、2016 をもとに筆者作成）

図3　各地で地熱に関する関心も高まってきている（地熱シンポジウム in 雲仙、2017 年 3 月 2 日）
（出典：一般社団法人小浜温泉エネルギー HP）

見られている。

(3) 地熱エネルギー利用を契機とした「まちづくり」へ

例えば、長崎県雲仙市小浜では、2010 年ごろから地熱を中核に据えた地域づくりが始められ、「小浜温泉エネルギー」という事業主体が立ち上がり、未利用の温泉熱水を利用した発電が事業化されている（2.3 節 1 項に詳しい）。もともと小浜では 2000 年に温泉利用の検討が始まったが、開発ありきの事業計画への反発から、事業自体が中止になっていた。しかし今、その小浜でも、地域の人々が主体となる温泉熱水利用や発電事業が本格化するという非常に興味深い状況が起こっている。また、地熱エネルギー利用という枠組みを活用しながら、まちづくりや農業ビジネスとの連携などの新たな分野への拡大が企画されている（図 3）。

2. 新たなエネルギー源、地熱

目を海外に転じれば、2000 年代以降、地熱はさまざまな国で大きな伸びを見

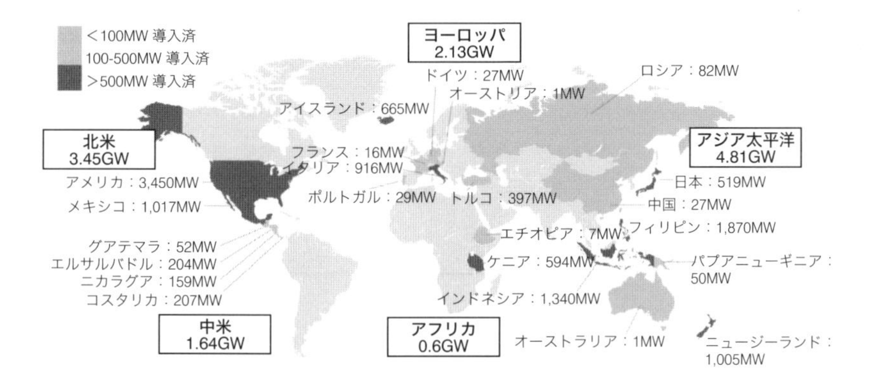

図 4　世界における地熱開発状況（出典：Bertani、2016 をもとに作成）

せ始めている。アメリカやアイスランドは地熱開発の歴史が長い国だが、これら以外でもアジア・オセアニアではフィリピン、インドネシア、ニュージーランド、また昨今ではケニアなどのアフリカ諸国や、コスタリカ、エルサルバドルなどの中南米諸国でも開発が進められている。

地下資源の探索や掘削に巨額の初期投資が必要な地熱でも、これらの国々では政府の前向きな政策と民間の開発投資意欲を組み合わせて、着実な地熱開発が進められている。例えばニュージーランドでは、2005 年ごろから現在にかけて、地熱開発件数が大幅に伸びを見せている。この背景には、より効率的でシステマティックな地熱探査方法の開発（2.2 節 2 項）や環境アセスメント手続きの整備を中心に、科学的データに基づいた地域関係者と合意形成を図る取り組みがある（第 3 章）。このように、世界の国々では地熱開発を、温暖化対策とエネルギー安定供給、そして新たなビジネスチャンスとして捉えており、政策・制度を整えることで急速に発電量を増やしているのだ（図 4、5）。

3. 日本における地熱研究会の発足と目的

(1) 地熱開発を巡る環境整備と残された課題

一方、わが国の地熱発電は火力や原子力といった多様な電源（発電方法）の中ではわずか約 0.3%の発電量でしかなく、国民への浸透も十分とはいえない。なぜだろうか？　その背景には、これまで何度も政策的に梯子を外されたり架けられたりした紆余曲折の歴史がある。

図5　海外の地熱開発（提供：Peng Nye Lee）

例えば、地熱技術開発は1990年代後半から費用対効果が薄いという理由で縮小され、2003年には政府の地熱技術開発予算は終了させられている（當舎・内田、2012）。また、地熱を含む再生可能エネルギーの普及促進を目的としていた1997年制定・施行の「新エネルギー利用等の促進に関する特別措置法（新エネ法）」では、事実上バイナリー発電のみが対象とされ、蒸気を用いる一般的なタイプの地熱発電が除外されていた。

加えて、日本の地熱資源の約8割が国立公園などの自然公園内にあること[注2]も、自然保護の観点から、開発の足枷であった（2.2節1項に詳しい）。しかし、2010年ごろから一部の規制緩和が行われるなど、少しずつではあるが規制の問題は改善されている。ほかにも、温泉法による掘削許可の迅速化など、地熱に関連した規制の緩和が段階的に行われつつある。

これら制度的な問題が（十分ではないものの）ようやく解決しつつあるなか、もう一つの大きな問題として残されているのが、本書で取り上げる“地域の共有資源（ローカル・コモンズ）”としての地熱の位置付けと、「利害関係者（ステークホルダー）」との“コミュニケーション”である。地熱開発に際しては、掘削によって温泉資源枯渇などといった悪影響が出るのではないか、という懸念が温泉事業者たちや地域の関係者に見られることがある。地熱開発において、利害関係者（ステークホルダー）間におけるコンセンサス（合意）を得る努力は必要不可欠なのだ。そもそもの話をすれば、地熱発電は原子力発電のように、万が一の事故時においても放射性物質拡散のリスクを伴うような発電方法ではない。しかし、だからといってそのリスクを全く無視してよいということではない。国民全体に対しては良いものであると考えられても、開発現場の住民に説明なく押しつけられてはならない。地熱発電の便益とリスクをきちんと理解してもらい、コミュニティと合意形成をしていくにはどうしたらいいのだろうか。小浜の例に見られるように、地域の人々が主体となって地熱を利用していく事例が増えるためには、何が必要だろうか。

(2) 研究会発足の目的

そうした問題意識から、私たちは「地熱ガバナンス研究会」を発足した。この研究会は、環境アセスメント学会の会員を中心とした有志のメンバーで成り立っている。私たちは、地熱の持つエネルギー資源としてのポテンシャルを地域に理解してもらい、その資源が有効に活用されることで、さらなる発展を見込むことができると考えている。これが、環境アセスメントの専門家である研究会メンバーが最も期待する点である。

研究会ではこれまで、地熱技術の専門企業へのヒアリング、地熱技術に習熟する国立研究開発法人産業技術総合研究所や、リスク分析などに実績のある一般財団法人電力中央研究所との連携をはじめ、国内外の現地調査、学会発表などを通じて地熱発電を取り巻く社会的文脈を把握してきた。そのなかで、地熱発電に関して技術的な解説を行う書籍はあるものの、地熱発電の導入にまつわる社会的側面に関する知見をまとめた文献は非常に限られていることを痛感するに至った。

(3) 制度的・社会的障壁を克服する

例えば、地熱開発をする際、地熱発電によってどのようなメリットが地域住民にあるのだろうか。ともすれば疲弊しがちな地域コミュニティに、地熱発電はいかに貢献できるのか。そしてその一方で、万が一のリスクに備え、どのタイミングでだれが何を保障すべきだろうか。リスクコミュニケーションはどのようになされるべきか。東日本大震災以降の日本で、ベースロード電源としてエネルギー供給を支える再生可能エネルギーの一つとして、地熱エネルギーには期待がかかっている。しかし当然、新たなエネルギー源の開発には、コストも時間も必要となる。さまざまな制度的・社会的障壁もある。今後は、そのような障壁を認識し、克服するために、地熱エネルギーのみならずその他のエネルギー源開発とともに、国・地方自治体・開発者・利用者などの異なる関係者間の合意を得て、開発を促進する規制再構築を行っていく必要がある。こうしたいわゆる"社会科学"の側面に関する問いに対して、包括的に応える書籍をつくるべく、本書をまとめることとなった。

本書の目的は、三つある。一つは、地域住民の主体的な地熱開発へ取り組みを促進すること。もう一つは、温泉事業の歴史的経緯と権利を尊重し、かつ冷静な議論の土台となる開発事例・情報を提供し、地域と共生できる開発を実現すること。最後に、再生可能エネルギーを生活の一部にしてゆきたいと考える人に、広く地熱発電導入の実践手法を伝えること、である。

4. 本書の構成

第1章では、地熱技術に関する基本的な説明（発電の原理、種類、その他利活用例、発電量による設備の違いやメリット・デメリットなど）を踏まえたうえで、これまでの国内外の地熱開発の歴史を俯瞰し、技術・制度・社会的制約などがどのように地熱開発の障壁となってきたかを理解する。第2章では、制度の整備や技術の進歩がどこまで進んでいるかを解説し、これまでわが国で起きた地熱開発の紛争・失敗から、どのような政策・制度が必要かも考えてゆく。

さらに、地熱発電がどのように地域コミュニティに貢献しうるか、事例を基に検証する。特に、各事例における事業者・住民・行政らの関係やコミュニケーションのあり方について丁寧に考察しているのが本書の特色である。

第3章では、これら事例から得られた知見を基に、今後考えられうる地域コミュニティとの共生のあり方について考察する。これまで地熱発電とコミュニティに関しては、環境省の「温泉資源の保護に関するガイドライン（地熱発電関係）」注3が示されてきたが、これは主に温泉資源の枯渇を未然に防ぐための技術的な指針であって、必ずしも地域住民・資源との共生を探る枠組みを提示したものではない。本書では、さまざまな選択肢を議論できる土台づくりへ向けて、紛争を解決する制度づくり・自治体の関与・適切な対話のプロセスの制度化を提言する。

また、コミュニティや地域地熱開発を支える教育・キャパシティの充実と発展についても考察する。再生可能エネルギーが根本的に問いかけている分散型エネルギーの実現可能性を高めるためには、需要家（電力消費者）自身に「エネルギーを創り出す」という新たな役割を求める必要がある。消費者の立場を超えた"エネルギー生産者"を増やすためには、いかに新たなエネルギー源の開発・利用を阻む多くの障壁を取り除くか、新たな政策を培っていくかといった発想が重要であり、当然そのような努力を可能とする知識・教育も求められる。今後エネルギー「政策」が、学問として成立し、社会知として定着し、新たなエネルギーシステムを生み出すために、今後の地熱やエネルギー教育のあり方についての提言を以って総括としている。

それでは次章から、そうした新たなエネルギーシステムを生み出すきっかけを見ていきたい。

注

注1　ライフサイクル CO_2 排出量
エネルギー源となる燃料や、その他エネルギー源に関わる生産・輸送・発電などをトータルで見たときに発生する CO_2 の排出量。

注2　自然公園内の地熱資源
本書では、国立公園の他、国定公園や道府県指定の公園を含むものとする。

注3　温泉資源の保護に関するガイドライン（地熱発電関係）
温泉資源の保護に関するガイドライン（2009年）の分冊として地熱発電関係に特化して発行されたもの。2014年に改訂され、その後2017年に再改訂されている。詳細は3.1節2項で扱う。

参考文献

・Bertani, R. (2016) "Geothermal Power Generation in the World 2010-2014 Update Report", Figure taken from Renewable Energy World HP
http://www.renewableenergyworld.com/articles/2016/01/2016-outlook-future-of-geothermal-industry-becoming-clearer. html

・JOGMEC HP
http://geothermal.jogmec.go.jp/information/geothermal/mechanism/mechanism2.html

・今村栄一・井内正直・坂東茂（2016）「日本における発電技術のライフサイクル CO_2 排出量総合評価」『電力中央研究所研究報告書』Y06

・小浜地熱エネルギー HP
http://obamaonsen-pj.jp/kyougikai.html
・環境省（2012）「温泉資源の保護に関するガイドライン（地熱発電関係）」
http://www.env.go.jp/nature/onsen/docs/chinetu_guideline.pdf
・當舎利行・内田洋平（2012）『トコトンやさしい地熱発電の本』日刊工業新聞社
・日本地熱協会 HP
http://www.chinetsukyokai.com/information/nihon.html
・村岡洋文・阪口圭一・駒澤正夫・佐々木進（2008）「日本の熱水系資源量評価 2008」『日本地熱学会平成20年学術講演要旨集』B01

第 1 章

いま、なぜ地熱発電か

1.1

エネルギー資源としての地熱

柴田裕希

1. 不安定なエネルギー市場

私たちの社会は、さまざまな経済活動や日々の生活において膨大なエネルギーを消費している。はじめにでも書いたように、現在2011年に発生した東日本大震災と原子力発電所の停止に伴って、日本の石油や石炭、天然ガスなどの化石燃料への依存は91.7%（一次エネルギー）に達し、ほかの先進国と比較して高い水準になっている（アメリカ86.0%、イギリス81.7%、ドイツ79.7%、フランス50.1%）（電気事業連合会、2016）。一方で、これらの化石燃料は将来的には利用できなくなる恐れがある枯渇性の資源だ。そのうえ、日本は国内で使用する全エネルギーの94%を海外からの輸入に頼っており、なかでも石油は99%を海外からの輸入に依存している（資源エネルギー庁、2015）。これは、私たちの社会を支えるエネルギーを安定的に確保すること自体、国際政治・エネルギー市場の動向に左右されてしまう不安を抱えているということだ。同時に、これらの化石燃料の利用は二酸化炭素（CO_2）などの温室効果ガスの排出を伴うため、気候変動の観点からも大きな問題となっている。

2. 再生可能エネルギーの導入で脱炭素社会へ

これに対し、地熱を含む太陽光や水力、風力、バイオマスなどは、一度利用しても比較的短期間で再生が可能で、エネルギー源としては永続的に利用することができるため、再生可能エネルギーと呼ばれる。資源を枯渇させずに繰り返し使え、発電などの利用時に温室効果ガスをほとんど排出しない。このことから、脱炭素社会に向けた温室効果ガス排出削減の重要な施策として、導入が期待されている。

これらの再生可能エネルギーには、エネルギー自給率の向上や温室効果ガスの削減だけでなく、新技術の開発による国際競争力の強化、新たな産業としての雇用の創出、大型電源が失われた場合の非常時のエネルギー確保など、多くの利点が考えられる。さらに、各地域で分散して発電できることから地域の活性化への貢献も期待される。ところが、これらの再生可能エネルギーにもそれぞれに課題があり、火力や水力、原子力のようには、まだ十分に導入できないのが現状で（図1）、それぞれの国や地域で今まさに、再生可能エネルギーそれ

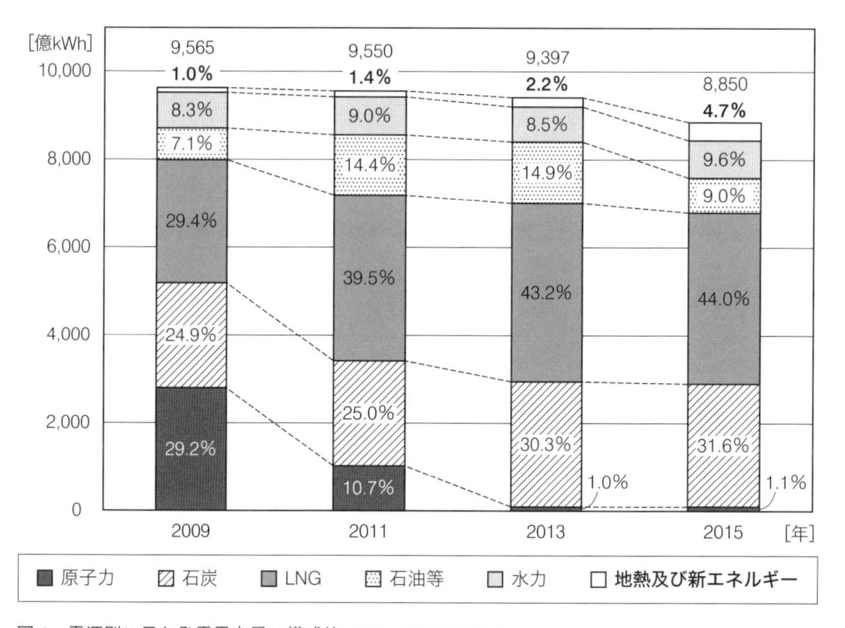

図1　電源別に見た発電電力量の構成比（出典：電気事業連合会、2016）

表１　各再生可能エネルギーの利点と課題

種類	利点	課題
地熱	・昼夜や天候、季節によらず安定している ・火山の多い日本は資源に恵まれている ・資源量に合わせ小規模な利用から大規模な利用まで可能 ・ベースロード電源としても利用が可能	・利用は地下に地熱資源がある場所に限られる ・地熱資源の多くが国立公園やその周辺にある ・地熱資源は地下にあるので調査が容易でない ・調査〜開発〜利用開始まで期間が長く、大きな資金を要する ・温泉への影響が懸念される場合がある
水力	・日本は降雨量が多く、山地も多いため適している ・揚水式発電を用いれば、昼間の需要の多い時間帯に集中して利用できる ・小水力発電であれば水路や小川でも発電が可能	・利用は水資源のある場所に限られる ・高低差のある地形が必要になる ・ダムなどの建設にともなう環境破壊が発生する場合がある ・天候（降雨量）に依存する
太陽光	・比較的小規模かつ簡易な設備で発電ができる ・短期間、小資金で発電を開始できる ・ほかの種類に比べ地理的な制約を受けにくい	・天候（日照）に依存する ・夜間は発電できない ・出力を得るためには大きな面積を必要とする ・開発時に森林伐採や、周辺への景観影響が生じる場合がある
風力	・風況が良ければ昼夜、季節を問わず発電が可能 ・陸上だけでなく海上でも発電が可能 ・小規模な発電から大規模な発電も可能	・風況に依存する（弱すぎても、強すぎても発電できない） ・低周波音や機械音が騒音問題を引き起こす場合がある ・風車に鳥が衝突し生態系への影響が懸念される ・景観や風車の影が環境問題になる場合がある ・地震の影響を受ける

ぞれの特徴を踏まえた導入が求められているところだ（表1）。

3. 日本の豊富な地下資源と、地熱発電への期待

なかでも地熱発電は、昼夜や天候、季節に依らず安定して一年中発電が可能とされている。このため、現在は火力発電などが担っているベースロード電源としての役割を代わりに担うことができると期待されている。特に日本は火山帯の上に位置しており、世界でもトップクラスの地熱資源を持っている。古くからこの地熱資源を温泉として利用してきた歴史もあり、日本社会では資源としても大変に身近な存在だ。地熱資源を大切に管理しながら有効に利用することは、私たち社会にも、そして地球環境のためにもとても大切なことなのだ。

一方で、この地熱資源にも課題がないわけではない。地熱資源を利用できる地域は、地下に地熱資源がある場所に限られる。その多くが国立公園やその周

辺にあることから、発電施設などの開発が厳しく制限されてきた。また、地熱資源は地下にあるため調査が容易でなく、利用開始までに長い期間と大きな資金を要する場合もある。さらに、同じく地熱資源を利用する「温泉」への影響が懸念される場合もあり、温泉を利用している人々や地域が開発に反対するケースも見られる。とはいえ、温泉の利用を阻害せずに、上手に共生する工夫も多く実践されている。次節では、地熱資源の利用に関する方法や仕組みを見ながら、そのさまざまな使い方について解説しよう。

参考文献

・資源エネルギー庁（2015）「総合エネルギー統計」

・低炭素社会づくりのためのエネルギーの低炭素化研究会（2012）「低炭素社会づくりのための エネルギーの低炭素化に向けた提言」環境省

・電気事業連合会（2016）「FEPC INFOBASE」

1.2

地熱資源利用の基本的な仕組み

柴田裕希

1. 地球の地下構造と地熱資源を知る

私たちの暮らす地球の内部、中心付近は6,000度にもなる高温の鉄やニッケルからなる内核（コア）があり、その周りを4,000度程度の同じく鉄を主な成分とする流体が存在し、これを外核と呼ぶ。このさらに外側にあるのがマントルだ。このマントルは流体で、深さ2,900km程度から地表付近の地殻と呼ばれる岩石のあるところまで存在している。深さ100km程度で、その温度は1,000度を超えるとされる。この高温は、私たちの足元にある地面を構成する岩石に伝えられるため、地下では深さに応じて、温度が上がっていき、これを地温勾配と言う。平均的な地温勾配は2.5～3.0℃／100mとされるが、プレートと呼ばれる厚さ100kmほどの岩盤の端などでは、マントルや地殻が溶融しマグマが生成される。このマグマは、場所によっては地表近くまで上昇しマグマ溜まりをつくり、その上に火山が形成される。このような地域では、地温勾配が通常の数倍、場所によっては10倍を超えることもあり、このような場所を地熱地帯と言う（西村ら、2002）。

この地熱地帯において、地表に降った雨が地下に浸透し地下水として流れ、マグマ溜まりの熱で熱水や蒸気となる。そしてこれらが水を透しにくい岩盤(難透水層・不透水層:キャップロック)の下やその隙間に溜まり、地熱貯留層を形成する(図1)。地熱貯留層への水の流入は、主に雨水を基にする地下水だが、一部はマグマから分離された成分も入っていると考えられている。こうして、熱源であるマグマ溜まり、その熱を蓄える地熱貯留層、そして熱を運ぶ地下水が三つの要素となって地熱系を構成する。場合によっては、このマグマ溜まりの周辺のマグマ性貫入岩の温度は600℃を超え、地熱貯留層へは雨水によって継続的に水が供給されるため、各地熱系の寿命は数万年〜数十万年と考えられている。私たちの住む日本は、プレートの境界に位置し、環太平洋火山帯の一部に位置している。このため、国内に多くの地熱系を有し、この地熱資源は“純国産”のエネルギー資源であり、計画的に利用すれば「持続可能」な再

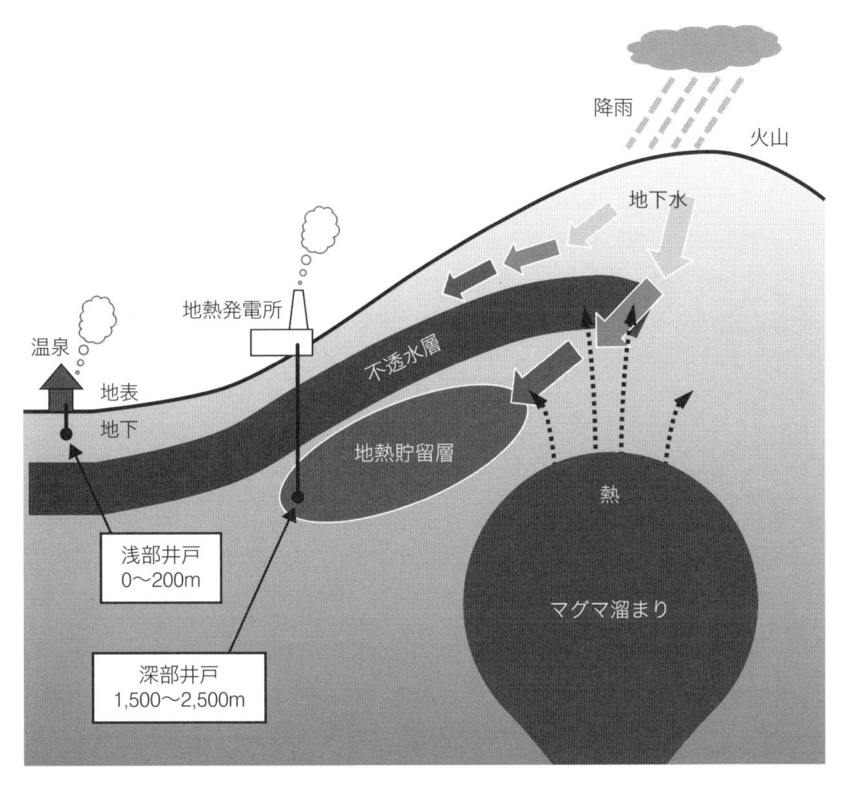

図1　地熱系と利用のイメージ

生可能エネルギーとなるのである。

2. 地熱資源の多彩な利用方法

地熱資源は古くから世界中で利用されており、現在でもさまざまな国や地域で、多様な形態と方法で活用されている。多くの場合、マントルから上昇したマグマの熱を、地下水を介して、地表もしくはその近くまで上昇したところで回収して利用する。ちなみに、第３章で詳しく扱うアイスランドではマントルが地下の浅い部分まで上昇していることから、国のほぼ全土が地熱地帯となっている。この熱を室内暖房や温室栽培に利用している。いずれの地域でも、マグマ溜まりの上部を流れる地下水を介して、熱水や蒸気として地上に取り出し、利用している。

以下、地熱利用の方法にはどのような種類があるのか歴史的な背景も踏まえて見ていこう。

(1) 温泉

私たちの暮らしに最も身近で最も古くから利用されている地熱資源である。人が入るお風呂としての利用（浴用）以外にも、高温のお湯や蒸気を用いてつくる温泉卵は、温泉地の観光資源の一つとして有名だ。このほかにも、地域によっては野菜やその他の食材調理の茹でる行程に温泉の蒸気熱を利用し、地獄釜として親しまれてきた。

また温泉の成分を析出させて湯の花（ミョウバン）を製造し、薬や入浴剤として活用してきた地域もある。江戸時代からの湯の花生産技術を継承する大分県別府市の明礬（みょうばん）温泉は、その製造方法が国の重要無形民俗文化財に指定されている。このように、温泉としての地熱資源の利用は、その土地の歴史の中で育まれた伝統と文化になっている。

現在では、国内に2,000を超える温泉、5,000以上の温泉入浴施設がある。国内の地熱の熱水利用のうち利用熱量全体の92%は、プールを含む浴用の利用であることからも、暮らしの資源であると同時に観光の資源として重要な役割を果たしていることがわかる。

(2) 発電

近代的な地熱発電の歴史は20世紀初頭に遡る。世界で最初の本格的な地熱発電は1913年にイタリア・トスカーナ地方の〈ラルデレロ地熱発電所〉で始められたとされている。〈ラルデレロ地熱発電所〉は現在も運転中で、メンテナンスや各種技術的支援でその「息の長さ」が維持されている。その後、第3章でも触れるがニュージーランドの〈ワイラケイ地熱発電所〉が1958年に、その2年後にはアメリカの〈ガイザーズ地熱発電所〉が運転を始めている。

日本では大分県別府市で1925年に実験発電に成功したのが最初とされている。その後、1966年に岩手県八幡平市の〈松川地熱発電所〉を皮きりに、現在では全国40カ所の地熱発電所がある。ひとくちに地熱発電と言っても、その形式は規模によってさまざまだ。次の「3. 地熱を利用した発電」で詳しく見ていきたいと思う。

(3) 暖房・冷房

鎌倉時代に開かれたとされる大分県にある鉄輪(かんなわ)温泉など、古くからの湯治場では部屋暖房に温泉蒸気が利用されてきた。このように、地熱による蒸気や熱水を暖房に利用することは世界でも一般的に用いられる地熱利用である。

近年では世界的にも、地熱の直接利用としてヒートポンプを用いる方法が急速に拡大しており、日本では地中熱ヒートポンプと呼ばれている。冷房にも利用され、地下の温度が特に高くなくても導入できるため、利用可能な地域が広く、地熱の全直接利用熱量の55%であり、32万5,028TJ/yr（テラジュール／年）と最も利用が進んでいる方法だ。この地中熱ヒートポンプの導入量は、2000～2015年の間で10倍に増加しており、今後も世界的な拡大が見込まれる。

(4) 農業

前述の鉄輪温泉では、1952年に「温泉熱利用農業研究所」が設置され、野菜や花や木の温泉熱利用による栽培研究が行われている。また、1999年に運転を開始した〈八丈島地熱発電所〉のように、タービンを回した後の蒸気を凝縮して得られた温水を温室の加温にリサイクルするという例もある(現在は停止中)。温室に用いる地熱の直接利用熱量は世界的な需要で、今や全体の2.6%となり、2万6,662 TJ/yr（テラジュール／年）と、ヒートポンプ、浴用、暖房に次ぐ利用方法だ。

(5) 漁業

地熱の産業利用としては、農業だけでなく漁業でも見られる。代表的なのは、養魚池の温度維持などで地熱を用いる方法だ。大分県別府市では、鯉の養魚場で温泉水を用いて稚魚の育成を行っているほか、ニュージーランドのワイカト地方では、エビの養殖などに温泉水を利用している。しかし利用量としてはまだまだ少なく、農業利用の半分にも満たない（世界計で1万1,958 TJ/yr（テラジュール／年））ため、持続可能な漁業に資する地熱利用のあり方を今後検討する必要があるだろう。

このほかにも、緯度の高い寒冷地などでは、道路の凍結や降雪対策として融雪のために地熱を利用したり、森林資源の豊富な地域では木材の乾燥に利用したりするなど、地熱は世界のさまざまな地域での多様な方法で暮らしや産業に用いられている。

3. 地熱を利用した発電

先に列挙した利用方法のうち「地熱発電」は歴史ある手段の一つだが、特に近年は、気候変動問題への対策やエネルギー安全保障の観点から、ほかの再生可能エネルギーとともに高い注目を集めている。基本的な発電の仕組みは、火力発電や原子力発電同様、「タービン→電磁誘導系」だ。一つ違うのは、タービン（回転式原動機）に当てる蒸気は火力や核分裂でつくられるのではなく、地熱によって生成されることである。つまり地熱によって地下で直接温められた高温高圧の蒸気をタービンに当て、蒸気のエネルギーを回転運動へと変換することで発電を行う方法である。この発電方法は、蒸気の使い方や取り出し方などによって、いくつかの方式に分類される。これらの方式は、地下の地熱貯留層内の温度・圧力条件に応じて最も経済的に発電できる方式が選択されるのが普通だが、環境への配慮という側面から、地下から生産した流体の全量を地下に戻すバイナリーサイクル方式が選ばれることもある。

(1) ドライスチーム方式

地下から地熱を取り出す井戸である生産井から、熱水をほとんど含まない蒸気が得られる場合に用いられる方式をドライスチーム方式という。この方式では、生産井から得た高温・高圧の蒸気の湿分を簡単に除去した後、直接蒸気をタービンに送り、発電を行う。古くから用いられている方式で、日本では〈松川地熱発電所〉で採用されている。なお、生産井とは、地熱貯留層から地熱流体を採取するための地熱井である。一方、還元井とは、発電などに用いた後の地熱流体を地下に戻す坑井である。

(2) フラッシュサイクル方式

生産井から得られる蒸気が熱水を多く含む場合に用いられる方式（図2）。タービンに送る前に、熱水と蒸気を分離する汽水分離器（セパレーター）を経由した蒸気を用いてタービンを回す方式を、フラッシュサイクル方式と言う。熱水からフラッシュ蒸気を取り出して使うことからこの名があり、多くの場合、地熱貯留層から生産される流体は蒸気と熱水から成るため、日本では最も広く用いられる方式だ。また、地熱貯留層が非常に高温高圧な場合には、一度蒸気

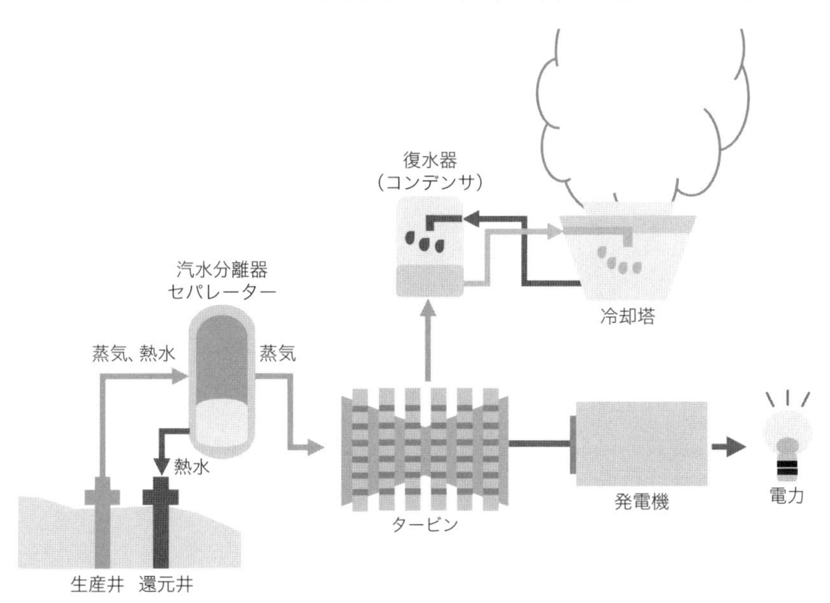

図2　フラッシュサイクル（シングルフラッシュ）方式

と分離した熱水をさらに減圧することで、追加の蒸気を取り出し、これを補足的にタービンに送る方式を採用する場合があり、これをダブルフラッシュサイクル方式と言う。世界的には、トリプルフラッシュまで存在している。

(3) バイナリーサイクル方式

生産井から取り出せる流体の温度や圧力が低い場合には、水よりも沸点の低い（100℃ 以下で沸騰する）ペンタンやブタン、水とアンモニアの化合物といった低沸点媒体を用いる。この低沸点媒体を地熱流体で加温して沸騰させてタービンを回し発電する方法をバイナリー発電と言う（図 3）。バイナリー(binary) というのは、バイ、つまり「地熱流体」＋「沸点の低い媒体」の「二つ」の両チャネルの間でうまく熱交換させる、ということだ。また、既存の温泉を用いるなどして生産井を新たに掘削することなく発電が可能な場合、温泉バイナリー方式と呼ばれる。例えば、温泉の温度が 70 ～ 120℃と高温で、直接浴用に用いることができない場合には、温泉バイナリー方式による発電（エネルギー置換）を経由することで、源泉の温度を 50℃ほどに下げることができ、浴用と発電の両方の利用が可能となる。近年、国内の複数の温泉地で、この方

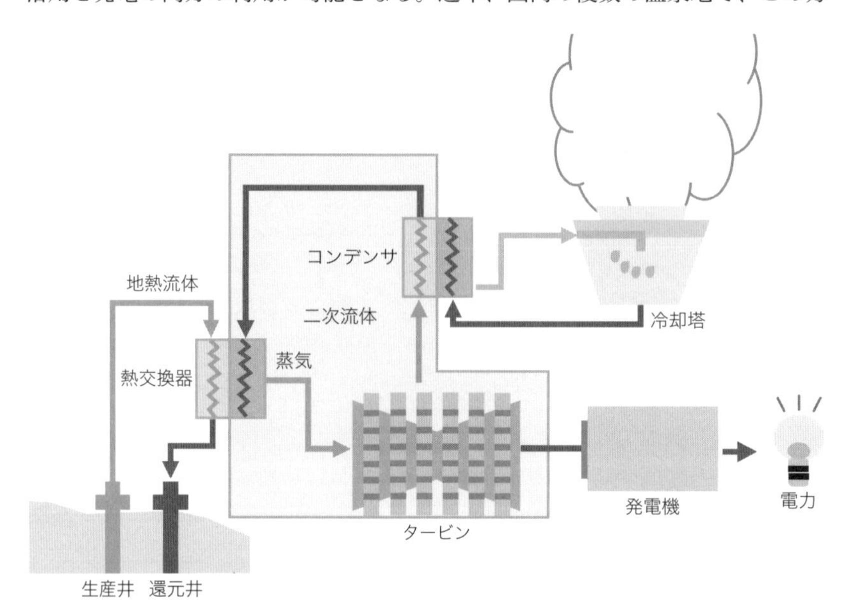

図 3　バイナリーサイクル方式

式の導入が進められている。

(4) 高温岩体方式

本節冒頭で見たように、地下に高温の熱源があっても、地下水の流入が十分になければ貯留層は形成されず、発電に用いる蒸気を取り出すことはできない。その場合、地下深くに横たわる高温の岩体に、地上から冷水を圧入することで人工的に亀裂を開口させたり、そこに地上から水を送り込むことで人工の貯留層を形成する。これを取り出すことで発電を行う方式を、高温岩体方式（EGS）と言う。この方式には、4,000m という大深度の掘削が求められたり、人工貯留層の形成過程で地震が発生したりするなど、開発行為自体が容易ではないが、高温岩体のエネルギー量は膨大で、現在もアメリカやオーストラリア、ドイツ、スイスなどで開発の試みが進められている（図 4）。本書の 3.5 節でも、ドイツの平地でも EGS が開発されている事例があるが、これまで地熱地帯とは考えられてこなかったエリアでの開発の鍵を握ると期待されている。日本でも 1980 年代から研究が行われ、山形県の肘折地区や秋田県の雄勝地区において開発に

図 4　スイスのザンクトガレンで開発が進められる高温岩体方式（EGS）(筆者撮影)

向けた実験が実施された（厨川ほか、1996／永野ほか、1994）。肘折では、2000年に深さ2,000m前後に掘削された4本の坑井を用いて、地上からの水の圧入と熱水の取り出しの試験を行い、高温岩体方式を用いた発電が可能であることを実証している。今後のさらなる開発と実用化が期待される方式の一つである。

参考文献

・西村祐二郎・今岡照喜・高木秀雄・磯崎行雄・金折裕司・鈴木盛久（2002）『基礎地球科学』朝倉書店

・John W. Lund and Tonya L. Boyd (2015) "Direct Utilization of Geothermal Energy 2015 Worldwide Review.", Proceedings World Geothermal Congress 2015

・厨川道雄・佐藤嘉晃・天満則夫・山口勉（1996）「肘折高温岩体プロジェクトの経緯」『資源と素材』112(13)、pp.901-906

・永野宏治・森谷祐一・浅沼宏・佐藤源之・新妻弘明・海江田秀志（1994）「雄勝高温岩体フィールドにおける予備水圧破砕の坑井内3軸AE計測」『日本地熱学会誌』16(1)、pp.85-108

1.3

欠かせない
コミュニティづくりと合意形成

村山武彦・諏訪亜紀

1. 地熱開発の特性

これまで、地熱発電は、国内の物理的ポテンシャルが大きく、石炭・石油・天然ガス輸入にかかる莫大な資金流出もないことを紹介してきた。だが実際の開発はなかなか進んでこなかった。

その理由が端的に顕れるのが初期投資である。地熱発電はだいたい3万kWレベルの計画で建設費用として210～270億円前後かかるとされる。燃料費がほぼかからないので、発電コストが低いのだが、建設費を含めた初期費用が高いため、これを回収するほどの長期見通しを持ち、かつ技術力を持つ事業者というのがこれまで非常に限られてきた。

このように初期費用をほかの電源よりも高止まりさせてきた背景には本書1.1節で見たとおり、制度的な理由、技術的な理由、社会的な理由がある。例えば、「ポテンシャルが大きい自然公園内で開発したいと思っても規制があってこれまでは難しかった、環境アセスメントに要する期間が長すぎる、技術を後押しする経済的支援がなかった」などの問題である。ただし、これら制度的・技術的理由については、課題はあるものの、本書2.2節で詳しく扱うとおり各種改善が図られている。

そこで大きく残されたのは、「地熱資源を利用する人々やコミュニティと、どのように共生していくか」という「社会的な理由」である。地域の人々と齟齬があっては、コスト計算以前にまず開発そのものの前提が得られない。

2. 地域にもたらされる影響とその効果

グローバルで公益性の高い再生可能エネルギーも、ローカル（地域的）な便益と対立（コンフリクト）を起こすことがある。だが、だからといって再生可能エネルギー自体を否定するのではなく、さまざまな工夫で地域の便益を高めて社会により受け入れられる土壌を整えるべきだろう。なお、再生可能エネルギー導入先進国のドイツやデンマークでも、風力発電が受け入れられた背景には、地域の人々が設備を所有し、便益を得る仕組みがあったことはよく知られているが、このように、地域に認めてもらいながら再生可能エネルギーを健全に導入する努力が諸外国でも図られている（Walker, et al., 2007）。

(1) 温泉権

では地熱発電を行うと、地域にどのような対立（コンフリクト）が生じうるのだろうか？　1.2 節で見たとおり、地熱利用にはいろいろな形態がありうるが、一般的な地熱発電（フラッシュサイクル方式など）の場合、掘削を行って地熱貯留層から熱水を取り出す。取り出した熱水は、貯留層の減衰を防ぐために地下に戻す（還元）のが基本である。一方、特に日本では、長年温泉が文化およびビジネスとして定着し、排他的に温泉源を利用できる温泉権が慣習法上認められてきた。温泉の湯量や泉質の変化は、観光客などの増減に直結しかねないことから、温泉権を有する関係者を中心に特に懸念される。

地質学的には、地熱貯留層と温泉源には深度に大きな開きがあり、直接に干渉しあうことはほぼないとされている。また、減衰予防のための還元も行われている。本書でも 2.4 節 2 項でも扱うとおり、地熱発電に伴う温泉資源の利用が温泉に明確に影響したという報告はない。しかし、目に見えにくい地下資源を扱うことへの漠然とした不安（不確実性）を、関係者や住民が「リスク」と感じることは理解できる。

(2) 地熱開発の障壁：火山ガスと誘発地震

さらに、地熱発電は、地下活動が活発な地域で試掘などを行うことから、火山ガスの発生のリスクもある。火山ガスとは、マグマの中に溶解していた揮発性成分が、マグマから脱ガスした気体で、とりわけ高温の火山ガス成分には二酸化硫黄、塩化水素などの酸性ガスが含まれることがあり有害である。古来から人々は有毒ガスが発生する地域を「地獄谷」などと呼び、生物への危険を喚起してきた。地熱発電についても1970年前後以前の開発では、地熱井周辺への配慮なく蒸気を噴出させたため近隣の森林などが枯死したことがあったという（吉田、2012）。現在では配管を工夫するほか、さまざまな火山ガス対策が取られているが、試掘の際からその危険性をわきまえた対応を行わなければ、重大な事故につながりかねない。

また、地熱発電に使った流体を地下に還元したことに伴って誘発地震が起こる場合があることも知られており、日本では被害が生じた例はないものの懸念材料となっている。

3. 地域にもたらされる影響とその効果

なお、これらのリスク認知がなぜ地熱などの再生可能エネルギーに関連して議論されるのか、エネルギー生産の構造からも理解しておこう。

本書2.2節1項で扱うとおり、固定価格買取制度（FIT）は（再生可能エネルギー由来の）電力生産に主体的に関わる人々を劇的に増やした（図1）。すなわちこれまでの日本は、発電事業は電力会社が行うものだった（その多くは沿岸部の火力・原子力発電である）が、再生可能エネルギーの広がりは、電力会社以外のエネルギー開発を（これまでエネルギー開発とは縁が遠かった地域を含む）さまざまな地域コミュニティが担うことを意味する[注1]。

ほかの再生可能エネルギーでもそうだが、エネルギーコンシューマー（消費者）だけではなく、新たにエネルギープロシューマー（生産と消費の両者を行う者のこと）になるとき、これまでに経験のないエネルギー生産と、その手段に対して、人々が（便益だけでなく）リスクを感じる、という図式が浮かび上がる。その意味で、地熱と地域コミュニティの共生は、再生可能エネルギープロシューマー（生産・消費者）の広がりとそのリスク認知という大きな文脈の

図１　埼玉県妻沼(めぬま)市の太陽光発電。2012年の固定価格買取制度（FIT）の導入以降、太陽光発電もかなり普及してきた（筆者撮影、2017）

中で捉えることができるだろう。

さらに、日本では2016年から電力市場の完全自由化が行われた。これにより、電力小売自由化部門への新規参入事業者（いわゆる「新電力事業者」という業態）が注目を集めている。

一般的には「新電力事業者」はいまだに「大手事業者が電力を他サービスとセットでお得に割り引く制度」という側面が強くアピールされている。しかし、地域の共有資源（ローカル・コモンズ）としての再生可能エネルギーを活用し、電力料金などに付随する利益も地域で循環させるような「新電力事業者」も発展可能だ。実際に地熱を利用した「新電力事業者」もいくつか見られる。こうした新たな企業形態でエネルギー事業が地域と共存する枠組みを模索することも大切である。

4. コミュニティづくりのツールとしての地熱開発

これまで説明してきたような、エネルギー安全保障や気候変動問題といった広い意味での公益性と、地域コミュニティに対する公益性を両立させるために、「地域とのコミュニケーション」が求められている。ここからは、コミュニティと共生するうえでどんなことに考慮すべきかを、詳しく見ていこう。

(1) 日本の地熱資源における文化的特性

そもそも、日本国内に分散する地熱資源の多くは、大都市よりも地方都市や山間部に位置している。日本全体が人口減少時代に入りつつあるなか、これらの地域では特に居住人口が減少しつつあり、将来的には過疎化が進むことが予測されている。それでもコミュニティを維持しつつ、地域を再構築していくための一つの手段として、地熱資源を活用した地域の新たな価値づくりが考えられる。

ただし、すべての地域で地熱資源の開発に頼る必要は、必ずしもない。日本は古くから温泉を愉しむ文化が全国に広がっており、北海道から九州に至るまでそれぞれの地域で有名な温泉地が名を連ねる。温泉は地熱資源を利用する一つの形態であるため、地熱開発の対象地と重なる場合がきわめて多い。こうした地熱資源利用の文化的特性は、アメリカやフィリピン、インドネシアなど世界の地熱資源大国にはあまり見られない特徴的な点となっている。

(2) 豊かな温泉資源と共存する

一般財団法人日本温泉協会によれば、箱根温泉をはじめ、別府温泉、熱海温泉、鬼怒川・川治温泉などでは、年間250万人以上の人々が宿泊のために訪れている。温泉はそれぞれ泉質が異なり、さまざまな色、匂い、味、肌触りが味わえる。さらに、泉質ごとに効能があり、古くから湯治として利用されている。風光明媚かつ自然豊かな場所で温泉を楽しむ文化は、日本独特のものといってよい。このように日本では温泉が人々の生活や文化に深く関わっており、これからも大切にしていくべきものであろう（図2）。

一方で、温泉地の中には過疎化の進行によって事業を維持していくことが困難になりつつあるところも出てきている。今後、人口減少の深刻化が避けられない状況でも事業を継続していくために、これまでとは異なる取り組みを求められる温泉地も出てきている。

地域独自の資源を発掘しうまく利用することは地域づくりのポイントの一つ

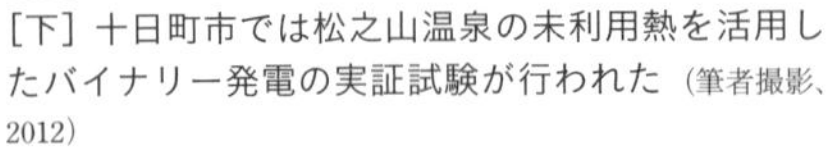

図2
[上] 新潟県十日町市の松之山温泉全景（Siriusplot、2008）
[下] 十日町市では松之山温泉の未利用熱を活用したバイナリー発電の実証試験が行われた（筆者撮影、2012）

として挙げられる。つまり地熱資源の豊富な地域では、地熱をいかに有効に利用するかが大きな鍵になる。将来を見据え、選択肢の一つとして地熱開発を検討することは、大きな意義がある。もちろん、多くの宿泊者数が見込める温泉地や、唯一無二の泉質の温泉、人里離れた立地にこそ価値を置く秘湯など、温泉事業を柱に地域づくりを進めていくという方針も大いにありえる。しかし、温泉事業自体に課題が出てきている地域では、地熱資源のない地域には真似できない取り組みとして、地熱開発は大きな可能性を持っている。

温泉とも共存する地熱開発が実現すれば、仮に人口減少が進んでも、地域を維持していくことが可能になるかもしれない。地域の持続可能性を評価する視

表1　地域の持続可能性を評価する項目

項目	評価の視点
社会	地域社会、文化・伝統、福祉・安全・安心
経済	地域経済、地域交通、地域財政
環境	生活環境、自然生態系、気候変動
社会×経済	教育・就労・機会、企業市民・社会起業
経済×環境	農林水産業、資源・エネルギー
環境×社会	アメニティ、自然とのふれあい

（出典：白井、2013をもとに作成）

点として、白井ほか(2013)は、表1の視点を挙げている。地熱開発を地域づくりの一つの柱とすることで、温水による地域社会の安全や生活環境の向上、熱を利用した農業の支援につながり、発電事業は地域経済を支えることが考えられる。さまざまな側面から持続可能性を考えるときに、地熱開発は一つの有効なツールとして位置付けられるのではないか。

5. 開発初期から開発後の長期にわたるコミュニケーションと合意形成

地域づくりのツールの一つして地熱開発を考える場合、前提としてその地域の特性を十分に理解しておく必要がある。多くの場合、地熱資源が豊富に存在する地域は、地方都市や山間部に位置しており、日本の中でも伝統的な文化が継承されており、古来からの長い歴史を有する場合が少なくない。また、大都市に比べて地域社会における人々のつながりが深く、地縁をベースにした社会的なネットワークが形成されている。こうした社会構造を考慮すると、地熱開発は「地域開発」でもあると考えられる。

つまり、地域の人々との丁寧なコミュニケーションと合意形成がきわめて重要であることを認識する必要がある。

一方で先に述べたとおり、地熱開発には不確実性が伴う。第一に、開発事業の対象が地中であるため計画や事業の全貌が掴みづらい。第二に、地中現象もわかりにくく不確実性を伴うため、環境への悪影響を懸念させる。第三に、長期にわたる開発プロセスでは地域づくりへの貢献が実感しにくい。

具体的には、初期の資源探査は段階的に調査範囲を絞りながら進められ、それぞれの段階は広域調査段階、概査段階、精査段階の三つに大きく分類される。

この期間は10年程度と、ほかの発電計画と比較しても長期にわたるため、地域の持続可能性につながる取り組みであることが実感しづらいのである。

(1) リスクの社会的増幅

こうした地域住民の不信感は、ときにさまざまな形で増幅される場合がある。リスク研究の分野では、「リスクの社会的増幅」という理論がある。これは、あるリスク事象の影響が、その事象の範囲を超えて波紋のように広がっていくというものである。例えば、一つの企業が不祥事を起こすと、それ自体は客観的にみればきわめて局所的な問題であったとしても、そのことが企業の活動全体、さらには同様の製品を扱う業界全体の不信感につながっていく可能性を示唆するものである。このような社会的増幅の要因として、ヒューリスティクス[注2]と呼ばれる経験知・直感による判断、人々の価値観、社会的集団の特性、リスクの情報的価値があり、さらにはスティグマ[注3]と呼ばれるネガティブなイメージの浸透なども影響する。地熱開発が不確実な側面を持っている場合、少しでもネガティブな情報が発信されると、科学的な情報よりもむしろこれまでの経験を通じて判断し、伝統的な文化のもとで形成された価値観に基づいて、つながりの強い集団に所属する人々の間で、地熱開発のネガティブなイメージが増幅されていくというプロセスが生じる場合がある。

(2) 信頼の社会的増幅

しかし裏を返せば、地熱開発のポジティブな情報が発信されれば、信頼が社会的に増幅されるプロセスもありうる、のである。そのための鍵は何であろうか。

一つは、関係者と丁寧なコミュニケーションを図りながら、開発プロセスや手続きを進めることである。地熱開発のプロセスは長期にわたる。初期の段階からどのような調査を行うか、わかりやすくかつ真摯に説明しながら進めていくことが求められる。その際、単なる一方向の情報提供ではなく関係者の意向を確認し、双方向の情報交換を行うことが重要である。

次に、開発に伴う便益やリスクなどの情報を共有することである。可能な限りそれらの要素が、一部の関係者に偏らないような配慮が求められる。地域づくりのツールとして地熱開発を考えるのであれば、地域にとっての便益を向上させ、逆にリスクを低減させる取り組みが必要となるためだ。

そして、第三の視点として、これらの取り組みを通じて、事業者や地域住民、行政など、関係者の間で信頼関係を高めることが挙げられる。信頼は一朝一夕には生まれないが、丁寧な手続きとともに関係者の間の公平感を高めていくことが、関係の醸成につながると考えられる。

(3) フォーラム・アリーナ・コート

そして、こうした取り組みを進めていく際に、地熱開発の各段階に応じた議論の場の設定が求められよう。これには、大きく分けて次の3点が挙げられる。すなわち、自由な議論の場を重視する「フォーラム」、関係者の間の合意形成を図りながら意思決定を行うための協議の場としての「アリーナ」、合意や決定の内容に対して異議がある場合の発言機会の場としての「コート」である。

地域の計画や個別の開発プロジェクトを議論する際、初期の段階では自由に意見を交換することにより、それぞれの関係者が考えていることや議論すべき大事なポイントを探索的に明らかにしていく必要がある。このようなスタイルがフォーラムであり、特に結論を得る必要はない。討論会や説明会などがこれに当たる。

この段階を経て、具体的な計画や個別プロジェクトについて議論を深めることにより合意を形成し、意思決定にまで導く段階がアリーナである。地熱開発においても、関係者の間で協議会や懇談会と呼ばれる組織をつくって具体的な案を練り上げていく事例がみられる。

この段階で案が固まり決定まで至れば、実行に移すことが可能になるが、十分な情報交換と意見調整を重ねても、すべての関係者が完全に合意することは困難である。そのため、意思決定を行った後でも意見を表明することが可能な仕組みとしてコートを設け、継続した情報交換を進めていくことが重要である。行政による相談窓口や関係者で構成される運営協議会などがこれにあたる。

地熱開発の各段階においてこれら三つの機能を持つ場が求められるが、初期の段階では、フォーラム的な機能が重視され、開発が進むにつれて徐々にアリーナやコートの場の重要性が増していくと考えられる。上記で挙げた地域の特性に配慮しながら、目的に合わせた議論の場を設定していくことが重要である。

注

注1　ここでいう「電力会社」は、厳密には「旧一般電気事業者」を主に指す。わが国では、電気事業法に基づき、電気事業に関して10社の一般電気事業者による地域独占体制が続いてきたが、2016年4月1日から改正電気事業法が施行され、現在では一般電気事業者という名称は法律上廃止されている。

注2　ヒューリスティクス
人々が判断や意思決定をする際、無意識に使用している法則や手がかり。経験則とほぼ同じ意味で使用される。

注3　スティグマ
他者や社会集団によって個人に押し付けられた負のイメージや烙印。

参考文献

・白井信雄・田崎智宏・田中充（2013）「地域の持続可能な発展に関する指標の設計、及び地域の持続可能性と幸福度の関係の分析」『土木学会論文集G（環境）』69巻6号、pp. II_59-II_70

・Walker, G., Hunter, S., Devine-Wright, P., Evans, B., Fay, H. (2007) "Harnessing Community Energies: Explaining and Evaluating Community-based Localism in Renewable Energy Policy in the UK", *Global Environment Politics*, 7(2), pp.64-82

・吉田正人（2012）「地熱発電と国立公園」『環境アセスメント学会誌』10巻2号、pp.8-14

・Siriusplot「Matsunoyama Onsen 20080302.jpg」2008
https://commons.wikimedia.org/wiki/File:Matsunoyama_Onsen_20080302.jpg
この作品はCC：表示－継承ライセンス3.0で公開されています。
https://creativecommons.org/licenses/by-sa/3.0/deed.ja

第２章

地域の挑戦に見る、
持続可能な開発の道筋

2.1

これまでの日本の地熱発電

上地成就

1. 国内での地熱開発の歴史

日本での地熱発電の歴史を振り返ると（p.42 の地熱年表を参照）、始まりは半世紀以上前まで遡る。国内最初の商業用地熱発電所は、1966 年に運転を開始した岩手県の〈松川地熱発電所〉（認可出力は当初 9,500kW、現在は 2 万 3,500kW）で、半世紀を経た今もなお操業している（図 1）。また九州の大分県では、1967 年に〈大岳地熱発電所〉（認可出力は当初 1 万 1,000kW、現在は 1 万 2,500kW）も運転を開始した。その後もオイルショックを背景とした国のエネルギー政策の下、1970 ～ 1990 年代にはそのほか多くの地域で地熱発電開発のための資源調査が行われた。これにより、1999 年までに 18 カ所の地熱発電所が完成している。現在運転している大型地熱発電所の多くは、この時期に開発されたものだ。

だが 1998 年以降、エネルギー政策の転換により政府の地熱関連予算が減少し、また後述するように複数の開発有望地で反対運動が生じたため、大型の地熱発電所の新設はそこから 10 年以上にわたり停滞することとなった。

しかし、2011 年の東日本大震災を契機に再生可能エネルギーの普及支援が強

図１　松川地熱発電所（岩手県）(提供：東北自然エネルギー㈱)

化された。一つ目は固定価格買取制度（FIT）で、地熱の他、太陽光、風力、バイオマス、小水力の各種再生可能エネルギーで発電された電力をあらかじめ決められた価格で電力会社が買い取ることを義務付ける法律である。二つ目は地熱資源調査のための補助金制度で、開発事業者の事業リスクを緩和するために資源探査にかかる費用の一部を補助するものである。三つ目は自然公園内での開発規制の緩和である（2.2節１項に詳しい）。自然公園は、風致景観の重要度に応じてそれぞれ特別保護地区、第１～３種特別地域、普通地域に区分されている。まず、2012年に第２・３種特別地域での開発行為について、また、2015年には第１種特別地域地下への傾斜掘削が、個別判断によって認められるようになった。ただし許可を得るには「優良事例」として認められる必要があり、次に挙げるような取り組みが求められている。

⑴地元関係者との合意形成の場の構築とそれを通じた合意
⑵自然環境、風致景観及び公園利用への影響を最小限にとどめるための取り組み
⑶周辺環境の改善や熱水供給などの地域貢献

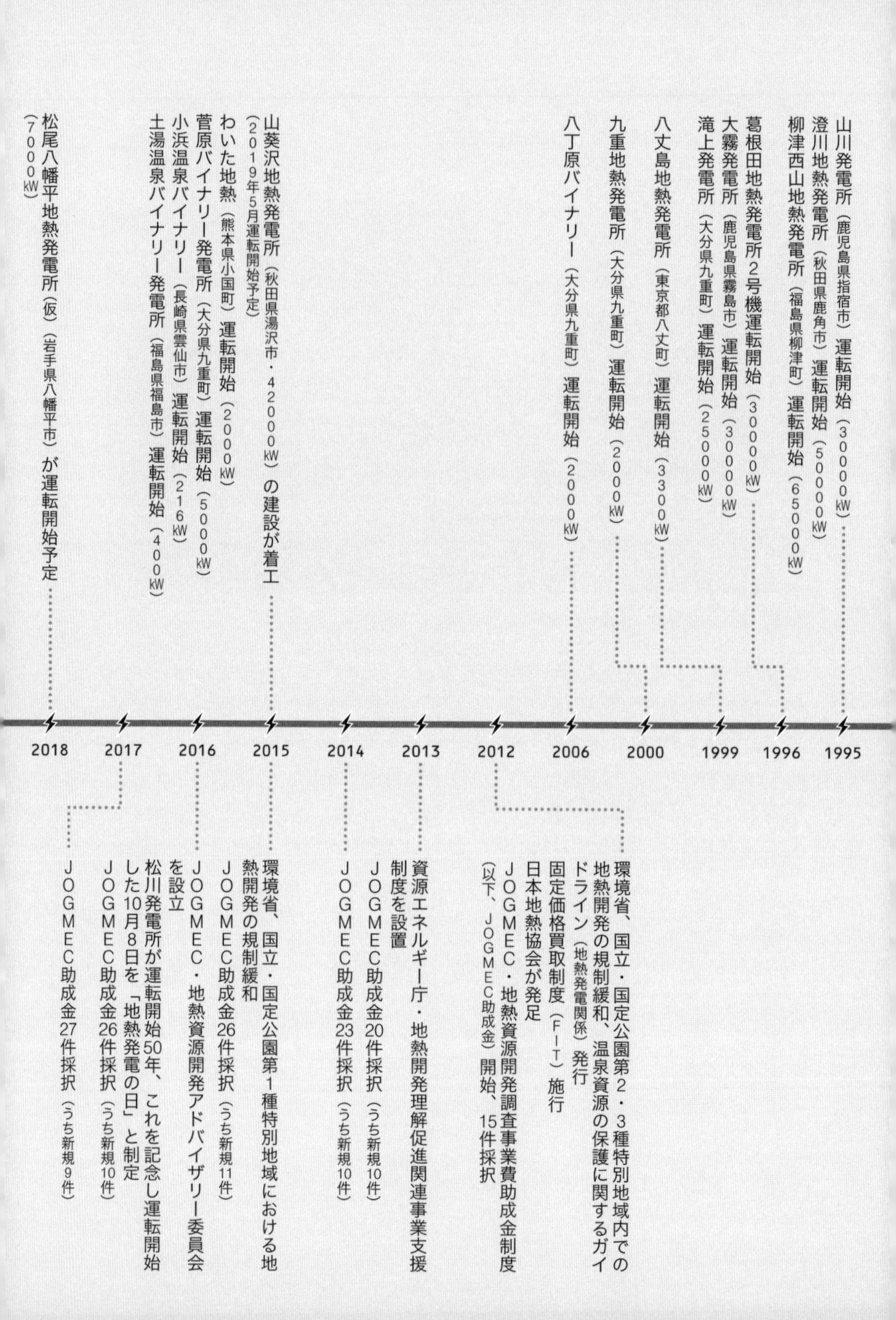
山川発電所（鹿児島県指宿市）運転開始（30000kW）
澄川地熱発電所（秋田県鹿角市）運転開始（50000kW）
柳津西山地熱発電所（福島県柳津町）運転開始（65000kW）
葛根田地熱発電所2号機運転開始（30000kW）
大霧発電所（鹿児島県霧島市）運転開始（30000kW）
滝上発電所（大分県九重町）運転開始（25000kW）
八丈島地熱発電所（東京都八丈町）運転開始（3300kW）
九重地熱発電所（大分県九重町）運転開始（2000kW）
八丁原バイナリー（大分県九重町）運転開始（2000kW）
山葵沢地熱発電所（秋田県湯沢市・42000kW）の建設が着工（2019年5月運転開始予定）
わいた地熱（熊本県小国町）運転開始（2000kW）
菅原バイナリー発電所（大分県九重町）運転開始（5000kW）
小浜温泉バイナリー（長崎県雲仙市）運転開始（216kW）
土湯温泉バイナリー発電所（福島県福島市）運転開始（400kW）
松尾八幡平地熱発電所（仮）（岩手県八幡平市）が運転開始予定（7000kW）
1995
1996
1999
2000
2006
2012
2013
2014
2015
2016
2017
2018
環境省、国立・国定公園第2・3種特別地域内での地熱開発の規制緩和、温泉資源の保護に関するガイドライン（地熱発電関係）発行
固定価格買取制度（FIT）施行
日本地熱協会が発足
JOGMEC・地熱資源開発調査事業費助成金制度（以下、JOGMEC助成金）開始、15件採択
資源エネルギー庁・地熱開発理解促進関連事業支援制度を設置
JOGMEC助成金20件採択（うち新規10件）
JOGMEC助成金23件採択（うち新規10件）
環境省、国立・国定公園第1種特別地域における地熱開発の規制緩和
JOGMEC助成金26件採択（うち新規11件）
JOGMEC・地熱資源開発アドバイザリー委員会を設立
松川発電所が運転開始50年、これを記念し運転開始した10月8日を「地熱発電の日」と制定
JOGMEC助成金26件採択（うち新規10件）
JOGMEC助成金27件採択（うち新規9件）

地熱年表

1966 松川地熱発電所（岩手県八幡平市）運転開始（9500kW）

1967 大岳発電所（大分県九重町）運転開始（11000kW）

1973 第一次オイルショック

1974 大沼地熱発電所（秋田県鹿角市）運転開始（6000kW）
環境庁・通産省、国立・国定公園内での地熱開発は既設または調査が進んでいる6地点のみ認め、当分の間、新規の調査・開発を推進しないと通知

1975 鬼首地熱発電所（宮城県大崎市）運転開始（9000kW）

1977 八丁原発電所（大分県九重町）運転開始（23000kW）

1978 葛根田地熱発電所（岩手県雫石町）運転開始（50000kW）

1979 第二次オイルショック

1980 NEDO、地熱開発促進調査を開始

1981 杉乃井地熱発電所（大分県別府市）運転開始（1170kW）

1982 森地熱発電所（北海道森町）運転開始（50000kW）

1984 霧島国際ホテル地熱発電所（鹿児島県霧島市）運転開始（100kW）

1990 八丁原発電所2号機運転開始（55000kW）

1994 上の岱地熱発電所（秋田県湯沢市）運転開始（27500kW）
環境庁、国立・国定公園の「普通地域」における地熱開発については個別に判断・許可する通知

⑷自然環境や温泉の長期的なモニタリングと情報開示

こうした政策の後押しを受け、再び多くの地熱開発計画が持ち上がっているが、大規模発電所は資源調査から運転開始まで長期間を要するため、2012年以降に完成した発電所は、数百〜数千kW程度の小中規模のものが多くを占めている。

2. 地熱発電を巡る反対運動

地熱発電開発の障壁の一つが温泉事業者を中心とする近隣住民の反対だ。古くは1980年代前半から、2010年までに少なくとも九つの地域において、温泉事業者による地熱発電への反対運動が確認されている（表1、上地、2016)。また、近年も固定価格買取制度（FIT）が施行された2012年以降に、多くの地熱開発計画が立てられており、それに伴い地域の反発が生じている事例が複数確認されている。

だが、筆者が全国の地熱資源が有望な地域の温泉事業者を対象にアンケートを行った結果では、地熱発電開発に対して賛成反対どちらとも言えないという回答が半数を占め、「反対」と回答したのは2割程度に留まった。この結果から、反対意見を持つ温泉事業者は必ずしも“多数派”ではないこと、多くの温泉事業者も賛成すべきか反対すべきか「よくわからない」という実態が明らかになった。このように、地熱発電への賛否を表明しようにも情報も判断材料も

表1　2010年までに確認された地熱開発を巡る反対運動

発生時期	事例名	開発地	
1981	草津・嬬恋	群馬県	白根山麓（草津町・嬬恋村）
1981	別府	大分県	伽藍岳周辺（別府市・由布市）
1983	修善寺	静岡県	旧天城湯ヶ島町（現伊豆市）
1983	下呂	長野県	御岳山麓（旧木曽郡王滝村）
1989	小国	熊本県	小国町
1992	八幡平	秋田県	鹿角市
1996	豊羽・定山渓	北海道	札幌市定山渓温泉周辺
2002	霧島	鹿児島県	旧牧園町（現霧島市）
2004	小浜・雲仙	長崎県	旧小浜町（現雲仙市）
2007	指宿	鹿児島県	指宿市
2008	草津・嬬恋	群馬県	嬬恋村

（出典：上地、2016）

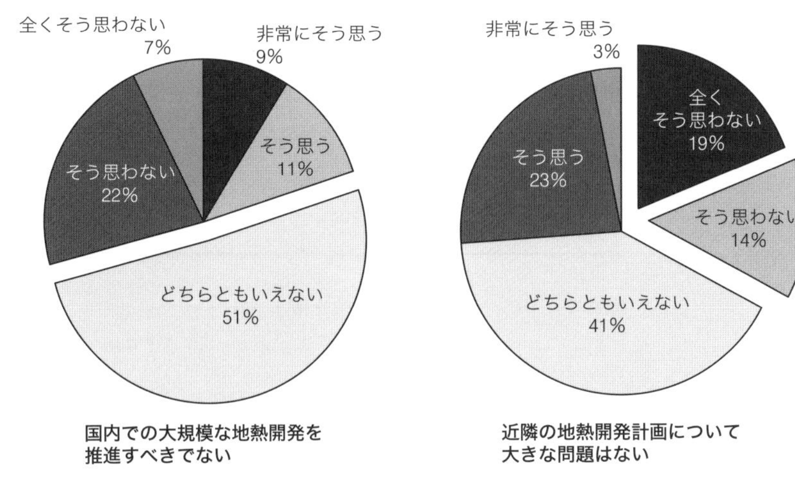

図2　地熱発電に対する温泉事業者の賛否態度

ない、という状況があることがわかる（図2）。

自然公園内での地熱開発の規制緩和に伴い、近年では自然保護団体による反発もみられる。そのため、地熱開発に利害や関心を持つさまざまな利害関係者(ステークホルダー)への意見を考慮し、自然公園内の生態系や景観に配慮した計画が一層求められている。

一部の地域では幾度も開発計画が持ち上がり、その度に反対運動が起きているが、これは地熱資源が有望な地域というものがそもそも限られていること(資源の偏在性)に起因していると考えられる。過去にその地域においてどのような調査・開発がどのように行われたかが、その後の地域の受容性（賛成・反対といった態度）に影響を与えると考えられ、計画の進め方を考えるうえで考慮する必要がある。

3. 紛争の発生に至る四つの要因

ここで、地熱発電を巡る反対運動はなぜ起きるのかを考えてみたい。筆者が行った紛争発生事例の分析から、次のような要因が挙げられる。

(1) 判断材料の不足

まず、地熱開発による影響を予測・判断するための材料が不足していることが挙げられる。温泉などの地下環境への悪影響の予測に必要な情報、すなわち地下構造を把握するためのデータは、資源探査を実施する開発事業者側が取得・管理するのが一般的だ。また、そうした情報が一般市民に提供されたとしても、理解するには高度な専門知識が必要となるため、独自に解釈・評価することは容易ではない。

加えて、地下の構造は直接目で見て確かめることができない。そのため、周辺住民は開発事業者や専門家（大学や研究機関）の説明を頼りにするしかない（情報の非対称性）。またそもそも地下構造の把握には技術的な限界があり、たとえ専門家であっても影響を正確に予測することは難しい（不確実性）。

地熱発電開発における、こうした「情報の非対称性」や「不確実性」が温泉事業者や周辺住民が適切に影響を予測したり評価したりすることを妨げ、不安を募らせてしまう。

(2) コミュニケーションの失敗

第二に、コミュニケーションの問題が挙げられる。反対運動が生じた事例では、計画当初から住民向け説明会は開かれず、計画を実施する場合にも、事前に周辺住民への情報提供が不足していたり、意見や同意を得ずに実施しようとしていたりすることが多い。十分なコミュニケーションの機会が設けられていないのである。前述のように判断材料が不足している状況下では、計画の進め方や関係者に対する不信感、地熱発電に対する曖昧なイメージといった、計画内容そのものとは直接関係のない要因によって計画への賛否が判断されやすいことが指摘されている（青木ら、2005）。また一方で、いったん理解を得られたからといって、発電所を建設するまで一気通貫で開発が進められるというわけではない。地熱開発は資源調査から発電所の建設、運転開始までいくつものステップを経て長期間かけて行われるため、段階ごとに適切なコミュニケーションを通じた合意が必要となる。

ひとたび周辺住民の反感や不信感を招くような事態になれば、その後の同意が得られなくなり、計画を進めることがきわめて困難になる。

実際のところ、地域から反対を受けなかった事例では計画当初から住民向け説明会が開催されたり、計画段階が進む度に説明会や戸別訪問による積極的な説明・コミュニケーションが行われたり、地域の代表者が参加する協議会も設置されたりしていた。このように、情報提供や基本的な参加の機会が頻繁に提供されることが重要だと言える。また、一部の事例では、自治体や温泉組合と開発事業者との間で協定書を締結したうえで工事が進められていた。

(3) 重大なリスクイメージ

第三に、「地熱開発を行えば近隣の温泉に悪影響を及ぼす」というイメージが形成されやすいという事業の性質や情報による影響が挙げられる。ほとんどの場合において地熱開発は、周辺温泉事業者が自らが望んだわけではない人為的な行為であり、また温泉の生成過程は地下での現象であるため、一度影響が生じると元には戻すことはできないと認識される。このように非自発的で、人為的、制御不可能、不可逆な現象は、特に重大で深刻なリスクとして認識されやすいことが指摘されている (Slovic, 1987)。また、他地域から伝わってくる「地熱発電所を立てたら近隣の温泉が枯渇した」という情報や、「何らかの原因により温泉の湯量が減少した」といった経験などもネガティブなイメージを形成しやすくする。これらはたとえ実際に地熱開発と温泉の変化との間に因果関係があるかどうかに関係なくとも、そうした疑いを持つきっかけとなり、開発事業者との認識のずれ、そして不信感を生じさせる。

(4) メリットの欠如・不確実性

第四に、不安を抱える人々が得られるメリットの問題である。特に山間地域などでの大規模なインフラ事業となれば、雇用や消費に伴う経済振興、税収増加、集客効果などが期待されるが、一方で、周辺の温泉事業者は温泉資源への悪影響という大きな「リスク」を負うと認識する。しかし、過去の事例においては、温泉事業者に対する直接的な便益はもとより、地域全体のメリットも不確実で、計画に賛成する十分な理由がなかった、という事例も見られた。これは、実際に資源調査を進めていかなければ発電事業を行えるかどうかわからず、そのため具体的な地域貢献策を提示することも難しい、という地熱事業の特性などが影響していると考えられる。

また、地熱発電は二酸化炭素の排出量が少なく、輸入に頼ることのない安定的なエネルギーであることから、開発を進める側は開発地域の住民の理解を得る際に、こういった「公益性」を押し付けてしまいがちだ。しかし、理解を得るには、公益性の説明に終始するのではなく周辺住民の暮らしや生業に及ぶ利害や、慣れ親しんできた文化や景観を尊重する姿勢が重要な場合が多い。

4. 開発を支援するシステムの拡充

地熱資源の調査および発電に必要となる井戸の掘削にあたっては、温泉法に基づく掘削許可が必要となる。この温泉法を所管する環境省は、3.2節1項で詳しく扱うように、2012年に掘削許可の判断基準の考え方を示す「温泉資源の保護に関するガイドライン（地熱発電関係）」を策定した。このガイドラインの中では、関係者に求められる取り組みとして、周辺温泉などのモニタリング、情報の共有・公開、協議会などにおける合意形成が挙げられている。

経済産業省（資源エネルギー庁）は2013年より地熱の有効利用を通じて地域住民へ地熱開発に対する理解を促進したり、地域共生や地熱資源開発を促進したりするための「地熱開発理解促進関連事業支援」制度を設けている。この制度は、地域住民向けの勉強会や発電所の見学会、熱水を利用するための農業施設の建設にかかる費用のほか、万が一地熱開発に伴って周辺の温泉が過度に減衰した場合においては、その調査と代替掘削にかかる費用を補助するものだ。

また、独立行政法人石油天然ガス・金属鉱物資源機構（JOGMEC）も第三者の視点からアドバイスする組織として地熱資源開発、温泉資源の保護・利用、環境保全に関する専門家で構成する「地熱資源開発アドバイザリー委員会」を2016年に設置した。地熱開発に関する地域協議会を設置する自治体に対して、技術的な情報の提供や専門家の派遣、技術的判断の支援などを行っている。

新エネルギー・産業技術総合開発機構（NEDO）も自然公園内での地熱開発の規制緩和を受け、景観への配慮が今後より一層重要になることを見据え、景観に配慮した発電所の設計を支援するアプリケーションを民間企業と共同で開発している。

これらの支援については、2.2節で詳しく見ていこう。

参考文献

・青木俊明・鈴木温（2005）「社会資本整備における賛否態度の形成：公正の絆理論と態度変容モデルの統合」『実験社会心理学研究』Vol.45、No.1、pp.42-54

・上地成就・村山武彦・錦澤滋雄 ・柴田裕希（2016）「地熱発電開発を巡る紛争の要因分析」『計画行政』39(3)、pp.44-57、日本計画行政学会

・Slovic, P.（1987）“Perception of Risk”, *Science*, Vol.236, Issue 4799, pp.280-285

2.2

制度改革と技術開発

火力発電や原子力発電は、化石燃料を燃焼させたり、核分裂させたりして、蒸気を人工的につくり出さなければならない。地熱は「燃焼」を伴わない。地球に沸かしてもらった熱水と蒸気を利用するからだ。そんな、トータルで考えた時には火力発電より優位に立つはずの地熱発電は、さまざまな制約のためわが国では導入に歯止めがかかっていた。だが、地熱発電を後押しするための制度改革も次々に進められている。また、環境に配慮した技術も開発されている。2.2 節では、これら制度と技術の変化について紹介する。

地熱発電を後押しする制度改革と支援策

安川香澄

地熱を取り巻くさまざまな環境に変化があるなか、地熱発電を後押しするための制度改革も進められている。ここでは東日本大震災後の制度改革と支援策の代表的なものを紹介しよう。

1. 自然公園の開発を可能にする制度改正

わが国における地熱資源の約8割は自然公園（国立・国定公園や県指定の自然公園）内に分布している。このため、自然保護の観点から地熱開発が規制されている（図1）。この規制の発端は、1970年ごろの地熱開発だ。直上噴気（生産井の真上に蒸気を噴出させる生産性テスト）によって樹木が枯れたケースがあり、1972年に当時の環境庁と通商産業省との間で「公園内における地熱発電の開発は当面6地域とし、当分の間、新規の調査工事及び開発を行わないものとする」という覚書が交わされた。ちなみに、この規制は1994年に一部緩和され「公園内普通地域については個別に検討」できるようになる。1999年には八丈島の〈八丈島地熱発電所〉が公園内普通地域で運開した。しかし、特別地域については厳しい規制が続いていた。

ここで、自然公園内の区分について簡単に説明する。日本の自然公園は、特別保護地区、第1～3種特別地域、普通地域に分けられ、前者ほど保護の度合いが強い。後者である第2種・第3種特別地域や普通地域は、住宅地や田畑と

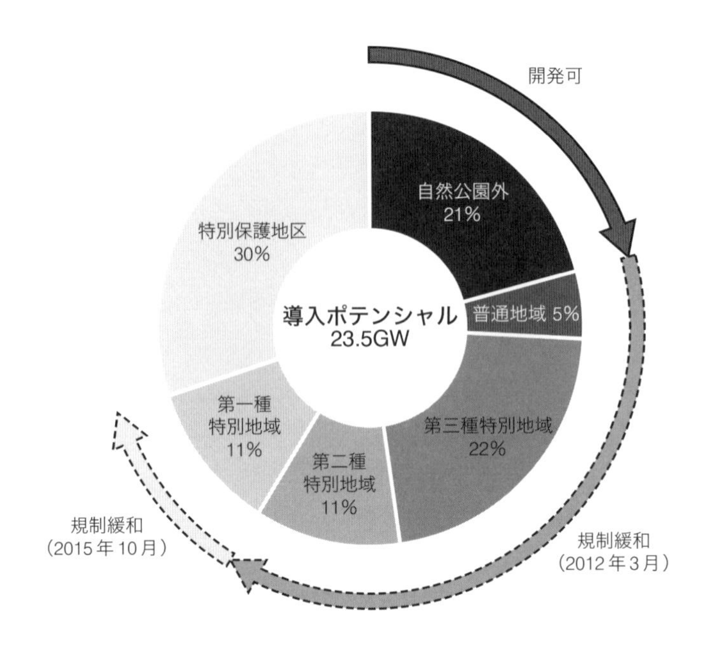

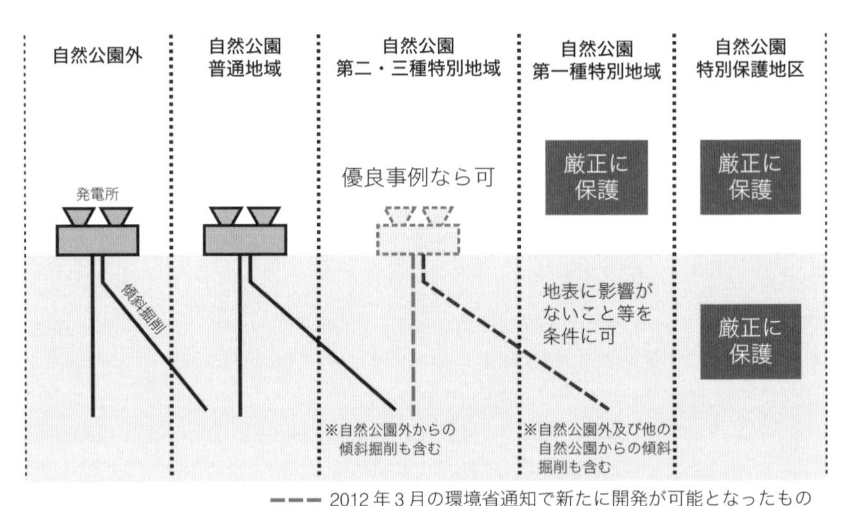

図1　自然公園内の地熱開発規制（出典：「国立・国定公園内における地熱開発の取扱いについて」に係る通知文書（環境省、2012、2015）および調達価格等算定委員会（第1回）配布資料（経済産業省、2012）を参考にNEDO技術戦略研究センター作成（2016）。資源量（%）については、阪口圭一、2012）

なっている場合も多く、旅館・商店などの営業活動も行われている。観光資源の魅力を強調したい地元の意図から、特別地域に線引きされた地区もあるようだ。

さて、2010年6月、地球温暖化問題を鑑みた再生可能エネルギー導入拡大のため、自然公園に関する規制緩和が閣議決定（内閣によって方針を決定。ただし、具体的な法制度の整備はなされていない状態）された。東日本大震災から1年後の2012年3月、この閣議決定が具体化される。環境省は、自然公園の第2種・第3種特別地域内でも地元地域との合意形成や環境への配慮がなされた“優良事例”と認められる場合には、小規模な地熱開発に限り許可するとした。

さらに2015年10月に、環境省は「地表（噴気帯及び地獄現象等）に影響を与えない開発計画」を条件に、第1種特別地域でも地域外からの傾斜掘削を許可した（図1）。第1種特別地域への開発のための立入は禁じられているが、その外の地域の地表から第1種特別地域の地下にある地熱資源に向けて斜めに井戸を掘削することが認められたのである。これらを総合すると、現在は国内の地熱資源の約7割が開発可能となっている。また、発電所の高さは13m以内という建築制限があったが、風致景観との調和が図られる場合には13mを超えても許可されることとなった。

2. 経済的支援による動機付け（制度設計および開発段階での補助）

第1章で説明したように、地熱発電は安定的に発電できるだけでなく、再生可能エネルギーなので、発電時に燃料費がかからない。そのため、ひとたび運転が開始されれば運転費用はきわめて低く、高い市場競争力を持つ電源だ。一方、地熱資源の確認から発電開始までには、前章でも述べたようないくつものプロセスが必要である。準備への初期投資だけでなく5～10年とされる長期にわたる開発準備期間（以下、リードタイム。探査を開始してから発電所が運転開始するまでに必要な年月のこと）が必要となり、これが開発リスクとなる。

例えば、地表での調査の結果、発電が期待できるとして試掘（地下からの蒸気生産性を調べるための井戸の掘削）まで行ったものの、地熱発電が行えるだけの量の蒸気を生産できないと判断された場合、それまでに投資された費用（一般的に数億円程度）は回収できない。つまり、民間の事業者がゼロベースか

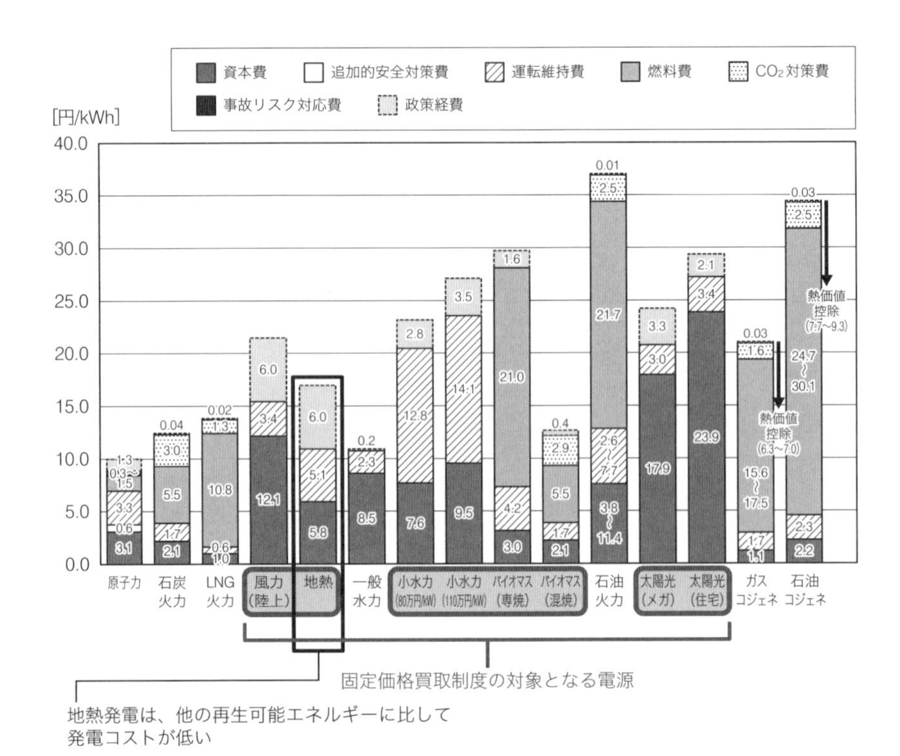

図2 LCOE（Levelized Cost of Electricity：均等化発電コスト）比較（出典：経済産業省、2015）

ら地熱発電の開発事業を行うにはあまりにリスクが高いのだ。地熱発電の普及には、地熱資源の探査や試掘費用の補助といった、長期的な視点で資源開発を支援することが重要である。

なお、地熱発電開発において政策経費を除いたLCOE（Levelized Cost of Electricity：均等化発電コスト）は10円程度と見積もられていて、リーズナブルな発電方法であることがわかる（図2）。

また、地熱発電は短期的な限界費用も低く、メリットオーダーの観点からも化石燃料より優位にある。メリットオーダーとは、端的にいうと1kW出力を上げたい場合にどれだけ追加的な費用がかかるかを基に電源を比較する考え方である。地熱は石炭・石油・天然ガスに比べ燃料費がかからないので、短期限界費用は低い。しかし、初期費用が高いこともあり、東日本大震災以降はさまざまな支援策が実施されている。

(1) 固定価格買取制度 (FIT)

固定価格買取制度 (FIT) は、再生可能エネルギーの利用を促進する目的で導入された。コスト競争力のない再生可能エネルギーを援助するため、発電コストに見合った国が定める固定価格で、一定の期間電気事業者に買い取りを義務づけるという制度で、2012 年から実施されている。小型の地熱発電は、大型のものに比べて設備費も探査費用もコスト高になるという理由から、15MW を境に価格が二分されている (表 1)。

さらに、2016 年 12 月 13 日に開催された「第 28 回調達価格等算定委員会」

表 1　電源種別 FIT 制度の買取価格（調達価格）一覧（2016 ～ 2019 年度）

<table>
<tr><th rowspan="2">電源</th><th rowspan="2" colspan="2">規模・タイプ等</th><th colspan="4">買取価格（調達価格）[円 /kW 時]</th><th rowspan="2">調達期間[年数]</th><th rowspan="2">備考</th></tr>
<tr><th>2016 年度</th><th>2017 年度</th><th>2018 年度</th><th>2019 年度</th></tr>
<tr><td rowspan="2">太陽光</td><td>10kW 以上
2MW 未満</td><td>非住宅用</td><td>24 円＋税</td><td>21 円＋税</td><td>—</td><td>—</td><td>20</td><td></td></tr>
<tr><td>10kW 未満</td><td>住宅用</td><td>25 ～ 33 円</td><td>25 ～ 30 円</td><td>25 ～ 28 円</td><td>24 ～ 26 円</td><td>10</td><td>出力制御対応機器設置義務、ダブル発電の該非で 4 区分</td></tr>
<tr><td rowspan="3">風力</td><td>20kW 以上</td><td>陸上風力</td><td>22 円＋税</td><td>21 円＋税*</td><td>20 円＋税</td><td>19 円＋税</td><td>20</td><td rowspan="5">風力および地熱は、2017 年度より設備リプレースの場合の価格が別途設定された（左表より低価格）</td></tr>
<tr><td>20kW 未満</td><td>陸上・洋上とも</td><td colspan="4">55 円＋税</td><td>20</td></tr>
<tr><td>20kW 以上</td><td>洋上風力</td><td colspan="4">36 円＋税</td><td>20</td></tr>
<tr><td rowspan="2">地熱</td><td colspan="2">15MW 以上</td><td colspan="4">26 円＋税</td><td>15</td></tr>
<tr><td colspan="2">15MW 未満</td><td colspan="4">40 円＋税</td><td>15</td></tr>
<tr><td rowspan="4">水力</td><td colspan="2">5MW 以上 30MW 未満</td><td rowspan="2">24 円＋税</td><td colspan="3">20 円＋税*</td><td>20</td><td rowspan="4">既設導水路活用型の場合の価格が別途設定されている（左表より低価格）</td></tr>
<tr><td colspan="2">1MW 以上 5MW 未満</td><td colspan="3">27 円＋税</td><td>20</td></tr>
<tr><td colspan="2">200kW 以上 1MW 未満</td><td colspan="4">29 円＋税</td><td>20</td></tr>
<tr><td colspan="2">200kW 未満</td><td colspan="4">34 円＋税</td><td>20</td></tr>
<tr><td rowspan="7">バイオマス</td><td>—</td><td>バイオガス</td><td colspan="4">39 円＋税</td><td>20</td><td>メタン発酵ガス化（バイオマス由来）</td></tr>
<tr><td>2MW 以上</td><td rowspan="2">木質（間伐材由来）</td><td colspan="4">32 円＋税</td><td>20</td><td rowspan="2">間伐材由来の木質バイオマス</td></tr>
<tr><td>2MW 未満</td><td colspan="4">40 円＋税</td><td>20</td></tr>
<tr><td>20MW 以上</td><td rowspan="2">木質（一般）・農産物由来</td><td rowspan="2">24 円＋税</td><td colspan="3">21 円＋税*</td><td>20</td><td rowspan="2">一般木質バイオマス・農産物の収穫に伴って生じるバイオマス</td></tr>
<tr><td>20MW 未満</td><td colspan="3">24 円＋税</td><td>20</td></tr>
<tr><td>—</td><td>建築資材廃棄物</td><td colspan="4">13 円＋税</td><td>20</td><td></td></tr>
<tr><td>—</td><td>一般廃棄物・その他</td><td colspan="4">17 円＋税</td><td>20</td><td></td></tr>
</table>

＊印：2017 年 9 月末まで前年度価格を据え置き
調達期間：買取価格（調達価格）が適用される年数

（出典：経済産業省、2017 をもとに作成）

では、2017年度以降に再生可能エネルギー事業に参入される場合の買取価格（調達価格）などに関する意見が取りまとめられ、表2のような新しいFIT価格が定められた。これを受けた2017年のFITの改正により、地熱発電などリードタイムが長くかかる電源でも、さらなる導入拡大を図るための策として次の支援が講じられた。

1. 複数年度にまたがる買取価格などの設定

地熱発電などのリードタイムの長い電源の更なる導入拡大を図るため、あらかじめ複数年度の買取価格が設定されることとなり、その期間が3年間と決定された。

これまでは事業化決定後に適用される買取価格が決定しないという不安材料を抱えたまま、環境アセスメントやプロジェクトの調整を行わなければならなかったが、今回の変更で3年後の買取価格を「予約」しておけるため、事業の見通しの改善が見込まれる。

2. リプレース事業をFITの対象に設定

わが国の再生可能エネルギーによる電源比率を高め、持続可能なエネルギーミックス（電源コストやエネルギー自給の観点から、各種電源を上手に組み合わせること）を達成するために、老朽化した地熱発電設備のリプレース事業についても、FITの対象として援助していくこととなった（表2）。この変更により、実際に宮城県の〈鬼首地熱発電所〉など既存の地熱発電所において、生産井を含めたリプレースを行い、FIT申請をする例が出ている。その一方でFITの申請には、必要条件として周囲の温泉への悪影響を回避するための温泉モニタリングが新たに義務付けられた。こうして今、地域の周辺環境やコミュニティとの共存を考えた政策が模索され、実行されている。

(2) 発電に至るまでの段階的な支援

前述したように、地熱開発は初期コストが高くリードタイムが長く、さらに開発リスクが大きいことが民間事業者の参入障壁となっていた。つまり、FITに至る以前の段階での経済的負担を減らしリスクを減らす措置がないと、民間企業は開発に着手しづらい。そこで日本では、経済産業省（以下、経産省）の予算措置により、開発プロセスの段階に応じた各種の政府支援が行われており、独立行政法人石油天然ガス・金属鉱物資源機構（JOGMEC）および新エネルギ

表2　リプレースの場合を含む地熱FIT買取価格（調達価格）

●地熱発電（1万5,000kW以上）リプレース

	（参考）2016年度 新設価格☆1	2017～2019年度 地下設備流用型☆2	2017～2019年度 全設備更新型☆3
買取価格（調達価格）	26円/kWh	12円/kWh	20円/kWh
資本費	79万円/kW	48万円/kW	79万円/kW
運転維持費	3.3万円/kW/年	3.3万円/kW/年	3.3万円/kW/年
IRR（税引前）※1	13%	6%	8%
調達期間	15年間	15年間	15年間

●地熱発電（1万5,000kW未満）リプレース

	（参考）2016年度 新設価格	2017～2019年度 地下設備流用型	2017～2019年度 全設備更新型
買取価格（調達価格）	40円/kWh	19円/kWh	30円/kWh
資本費	123万円/kW	77万円/kW	123万円/kW
運転維持費	4.8万円/kW/年	4.8万円/kW/年	4.8万円/kW/年
IRR（税引前）※1	13%	6%	8%
調達期間	15年間	15年間	15年間

※1：法人税等の税引前の内部収益率

☆1：「（参考）2016年度　新設価格」（表2左）
全く新たに地熱発電所を建設する場合の買取価格（調達価格）。資源調査費用なども考慮しており、高い価格となっている。

☆2：「2017～2019年度　地下設備流用型」（表2中央）
地熱蒸気を生産する井戸（生産井）や利用後の熱水を地下に還元する井戸（還元井）など、地下の設備はそのまま用い、発電機やタービンの地上設備のみリプレースする場合の買取価格（調達価格）。リプレースにかかる費用は地上設備分だけなので、買取価格（調達価格）が低く設定されている。

☆3：「2017～2019年度　全設備更新型」（表2右）
地上設備、地下設備のすべてをリプレースする場合の買取価格（調達価格）。左の2者の中間的な価格であるが、地上設備に比べ地下設備のリプレースには費用がかかるため、「地下設備流用型」よりも新設価格に近い価格となっている。

（出典：経済産業省、2016）

ー・産業技術総合開発機構（NEDO）が、その実施機関となっている（図3）。

地熱発電の導入拡大を図るうえでは、①掘削成功率が低く、開発コストが高い、②リードタイムが長い、③地域との合意形成が必要、といった複合的な課題が存在している。経産省（資源エネルギー庁）は、開発フェーズに応じて、補助・出資・債務保証などで支援できる仕組みをつくった。

なお、表3では、より一般的な政府支援策の動機付けとしての効果を、開発プロセスに応じて示した。実際に海外では税制優遇などの措置がとられている場合もある。ちなみに、これらの経済インセンティブは、国家政府によることが多いが、例えばアメリカでは、税制優遇は州政府によって行われている（金子、2012）。日本でも自治体ベースで支援を考える発想がさらにあってもよいかもしれない。

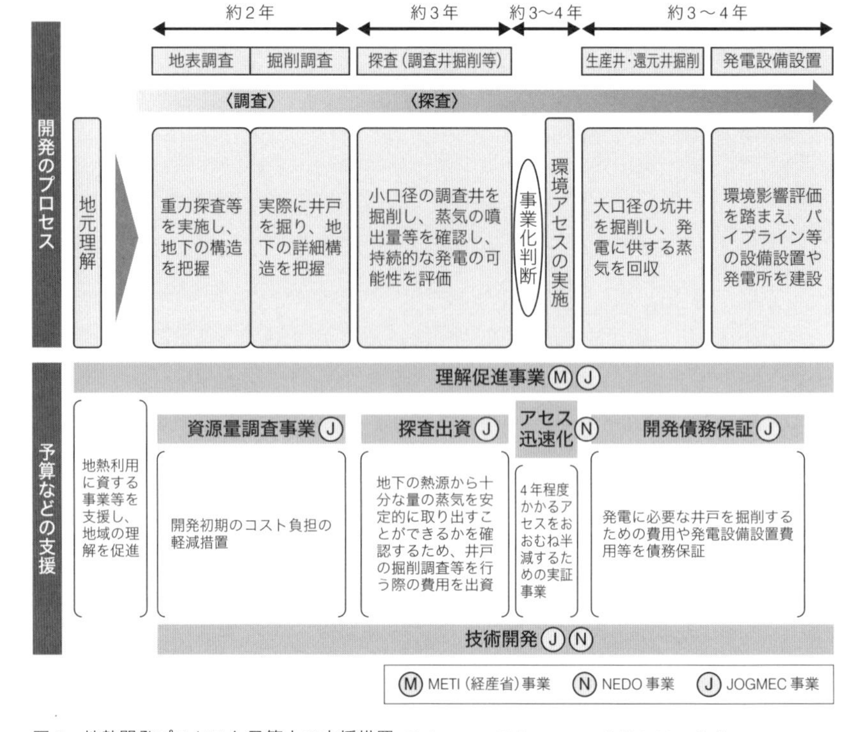

図3　地熱開発プロセスと予算上の支援措置（出典：NEDO 資料、JOGMEC 資料をもとに作成）

表3　地熱開発の各段階における各種政府支援の重要性

	段階／支援	探査	開発	発電
1	掘削補助	非常に重要	重要	重要
2	低金利融資	重要	非常に重要	―
3	FIT	―	―	非常に重要
4	税制優遇	―	―	重要
5	研究開発	重要	重要	重要

（出典：ERIA、2017）

3. 地元コミュニティへの支援

(1) 理解促進活動への助成制度（経産省）

経産省は、地熱発電開発が見込まれる地域において、地元住民の地熱への理解促進を図るための助成事業を行っている。開発事業者である民間企業または自治体が申請する仕組みだが、民間企業が申請する場合も自治体との協力体制があることが望ましい。勉強会などの「ソフト事業」と熱利用設備の建設などを行う「ハード事業」に分かれ、2016年度まではいずれも補助率が100%だったが、2017年度から後者は規模により2／3または1／2に変更された。また経産省は、地熱開発地域の周辺の温泉で、万一、湧出量などが過度に減少した場合に代替井掘削を支援する「温泉影響調査等事業」も行っている。

(2) JOGMECによる自治体への技術アドバイス

1.地熱資源開発アドバイザリー委員会による技術的な助言

地熱資源開発アドバイザリー委員会（JOGMEC内）は、2016年度より地熱開発が進みつつある地域が抱える問題の解決を技術的に支援する目的で、独自の取り組みを開始している。自治体の中には適切な地熱資源管理を行っていきたいと願いながらも、専門的知見の不足や、適切な有識者を探すネットワーク不足が課題となっている地域がある。このためJOGMECが、地熱資源開発、温

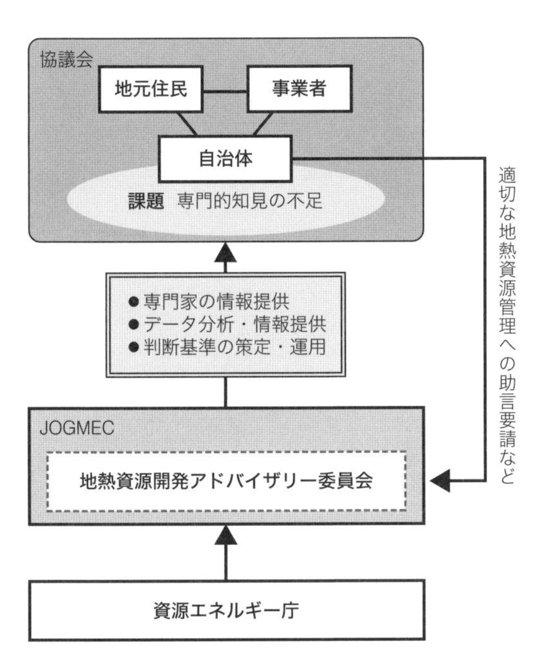

図4　地熱資源開発アドバイザリー委員会のスキーム（出典：JOGMEC資料をもとに作成）

泉資源の保護・利用、環境保全に関する専門家で構成する「地熱資源開発アドバイザリー委員会」を設置したのだ（図4）。自治体から助言要請などがあった場合に委員会を開催し、自治体に対して第三者の視点から情報提供や助言を行っている。

参考文献

・ERIA (2017) "Assessment on Necessary Innovations for Sustainable Use of Conventional and New-Type Geothermal Resources and their BeneFIT in East Asia", *Annual Report 2016-2017*, ERIA Research Project Report.

・金子正彦（2012）「世界の地熱法」『日本地熱学会誌』34、pp.123-137

・環境省（2012、2015）「『国立・国定公園内における地熱開発の取扱いについて』に係る通知文書」

・経済産業省（2017）調達価格等算定委員会（第1回）配布資料

・資源エネルギー庁（2015）長期エネルギー需給見通し関連資料（平成27年7月）

・経済産業省（2016）リプレースの場合の地熱FIT価格

・NEDO（2016）「自然公園内の地熱発電開発に関わる規制緩和の流れ」NEDO技術戦略研究センター資料

・阪口圭一（2012）「地熱研究概要と地熱ポテンシャル」『GREEN Report 2012』地圏資源環境研究部門、産業技術総合研究所、pp.6-9

地熱利用を後押しする技術開発

安川香澄

1. 地熱開発の追い風となる技術革新

前節に述べたとおり、東日本大震災後に国内状況が大きく変化し、地熱利用における各種支援策も拡充した。その成果もあり、新規の地熱開発が進みつつある。しかし、地熱発電が抱える課題がすべて解決されたわけではない。引き続き以下のような課題が残されており、技術的側面からこれらを解決するための研究開発が行われている。

⑴開発コストの低減

⑵開発リスクの低減

⑶自然環境との調和

⑷温泉バイナリー発電の導入拡大

⑸地域（自治体、温泉観光業者など）との共生

⑹既存発電所の利用向上

⑺環境アセスメントの短縮化

⑻地熱発電量の飛躍的拡大

このうち⑶～⑸は、2010年度から環境省事業による研究開発が行われていたが、現在は主として経産省の資金で研究開発が進められている。NEDOおよびJOGMECが、各課題に対する研究提案を公募し、大学・研究機関・民間企業からの提案を採択して研究を委託する形で事業を進めている。両組織は支援する

開発分野を棲み分けており、NEDOは地上設備の技術開発と長期的な研究開発を、JOGMECは短期的な地熱発電量増大に資する地下部分の技術開発を行っている。本節では近年の事業を紹介する。

(1) 開発コストの低減：各種機器の高機能化

地熱発電は、ほかのタービン発電システム（火力・原子力）に比して初期コストが高く（表1)、開発以前の調査費含め86万円/kWとされる。開発費の主要部分は地熱井の掘削費であり、1本当たり数億円を要する。また地熱開発対象地域は山間部が多く、新たな道路整備などが必要となり建設費用が嵩む場合が多い。その初期コスト低減のためには、掘削の効率化と、山間部に運搬しやすいシステムの開発が有効と考えられる。

1. 発電機器の高効率化（NEDO）

NEDOは、環境に配慮した高機能発電に向けて「地熱複合サイクル発電システムの開発（委託先：東芝㈱)」を2013～2015年度に実施した。自然公園内での地熱発電所新設のためには、小型で風致景観などへの影響が小さく、高機能でありながら環境配慮を両立した機器の開発が望まれる。そこで、発電の高効率化によって、小さなサイズの機器で従来と同様の地熱発電量を得る、「フラッシュバイナリー複合サイクルシステム」を開発した。

2. 掘削ビットの能率・耐久性向上（JOGMEC）

JOGMECでは、地熱井の掘削コストを抑える目的で、2015年度から新たなビットの開発を行っている（図1)。ビットとは、坑内に下す掘削機の先端に装着して岩石を削る道具で、石油開発では人工ダイヤモンドのカッターで削るPDC (Polycrystalline Diamond Compact) ビットの有効性が実証された。しかし地熱への応用例がないため、火山地帯の硬質な岩石と高温環境下でのPDCビッ

表1　地熱発電所（3万kWモデルケース）の建設費内訳の試算例

項目	費用
調査・開発	約64億円
建設費	約194億円
総額	約258億円

（出典：日本地熱開発協議会、2012）

石油・ガス層は水平な地層
地形的にも平らで大型機材を持ち込みやすい
反射波を使う探査が有効
石油・ガス井
探査機材
土壌
堆積岩
弾性波
深さ1～5km
基本構造はどこも同じであり、
地層内もほぼ均質
石油・ガス井のターゲットは明瞭
弾性波の
反射波を
捉えやすい
石油・ガス層（砂岩層）
断層
基盤岩

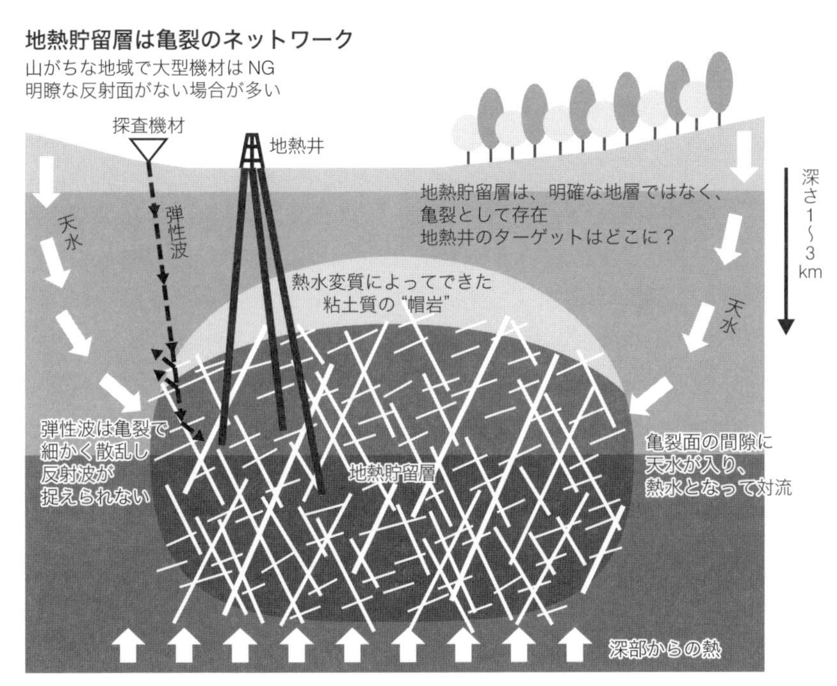

図1　石油・ガス層と地熱貯留層の違い

トの摩耗性を研究し、カッターの配置を改良した試作品を開発した。地熱地域での実証試験では、掘削能率・耐久性ともに従来品を上回る結果が得られた。

(2) 開発リスクの低減："反射法"ルネサンス

地熱発電では、地下探査を行っても資源量の把握や将来予測に不確かさが残る。特に、蒸気や熱水を蓄えた地下の亀裂（断裂系）の存在位置をピンポイントで探すことは非常に難しい。そのためJOGMECでは、2013年度から、断裂系の可視化を目指した地熱貯留層探査技術開発を行っている。

ここで期待されている技術の一つが"反射法"である。石油やガスの探査では、弾性波が地層面で反射する性質を用いた反射法構造探査が広く用いられている。一方地熱地域では、一般的に石油堆積層のような明瞭な反射面が存在せず、反射法はコストの割に情報量が少なく不向きであった。図1からわかるとおり、地熱貯留層では反射法は利用しにくい。地下の応力によって岩石にヒビがはいった亀裂が図2-aのように網目状につながり、水路（みずみち）となるネットワークを形成している。しかし近年は反射法の解析技術が著しく向上し、不鮮明で複雑な反射面の地熱探査でも反射法を利用できる可能性が高まってきた。比較的単純な構造の地熱地域において反射法を用いたところ、高い精度で断裂系が把握できたのだ。今後は、より複雑な地域への応用が期待されている。

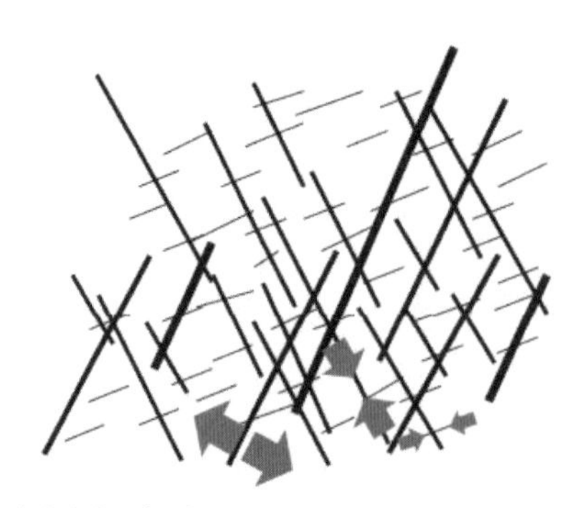

a. **応力方向と亀裂のイメージ図**
図では亀裂を線で示すが、現実の3次元空間では面として存在している（奥行きがある）
・大きな亀裂は断層となり、さまざまなスケールの亀裂が存在
・地下の応力状態によって、特定の3方向に発達する

b. **地熱地域で得られた岩石サンプルに見られる亀裂の例**
・亀裂の幅は2cm程度
・亀裂内を流動した地熱水から鉱物成分が析出し、亀裂を閉塞（鉱物脈と呼ぶ）

図2　亀裂のネットワークとは？（写真提供：産業技術総合研究所）

一方、シェールガスように亀裂ネットワークを貯留層とする資源には、逆に地熱探査で発達した微小地震探査などの技術が応用されている（図 2-b）。

(3) 自然環境との調和：設計支援アプリの開発

前述のとおり、環境に配慮した優良事例であれば、自然公園の特別地域内でも地熱開発が可能となった。そのため、自然景観を重視した「エコロジカル・ランドスケープ」の概念を地熱開発に取り入れる動きがある。例えば、展望台や景観道路から見えない位置への建屋の配置、周辺環境に合った色と形のデザインなど、景観を乱さない建設を目指すなどである。NEDOでは2014年度から、自然環境や景観に配慮したデザイン手法と設計の支援ツール（アプリ）を開発し、地元との合意形成の促進や、立地制約の解消を目指している。

(4) 温泉バイナリー発電の導入拡大：スケール対策による高効率化

既存の温泉を利用した“温泉バイナリー発電”の資源賦存量は約 72 万 kW とされ（産業技術総合研究所、2009）、新たな掘削をせずに未利用熱を活用できるメリットは大きい。ただし比較的低温の資源を利用するため、特にスケールが付きやすく、発電効率が低いことが発電コストを上げている。そこで NEDO は 2014 ～ 2016 年度に、スケール対策を施した高効率の温泉バイナリー方式を開発した。これは、温泉水のスケール除去後に、汽水分離器（セパレーター）に通して蒸気を抽出し、低沸点媒体を気化させる仕組みである。

(5) 地域との共生：継続的なモニタリングと蓄積データの開示

地熱開発を阻害する要因の一つに、温泉への影響に対する地元の不安がある。その解消には、地域との共生が不可欠である。そのためには温泉源泉の湧出量、温度などの継続的なモニタリングと蓄積したデータを積極的に公開し、理解を促進する必要がある。そこでNEDOは、2016年度より簡易遠隔温泉モニタリング装置の研究開発を行っている（図 3）。長期にわたる泉質データの連続取得が可能でありながらも廉価な計測器を開発し、その運用法についての提言を行っている。

図３　温泉モニタリング装置（枠内）とその配管接続の様子（提供：産業技術総合研究所）

(6) 既存発電所の利用向上：発電出力の回復に向けた技術開発

運開から 10 年以上が経過した多くの地熱発電所では、地下からの流体生産量が次第に減って定格どおりの発電出力を維持できないという深刻な問題が生じている。この原因は大きく二つに分けられる。一つは、スケールなど坑井トラブルにより生産井または還元井の流量が減った場合である。補充井を掘削すれば生産量は回復するはずだが、追加投資の経済性が見込まれず、生産量の減衰が放置されていることが多い。もう一つは、長期の流体生産によって貯留層の圧力が低下し、貯留層に流体を補給しない限り生産量の回復が見込めない場合がある。

1.「還元熱水高度利用技術」の開発

前者については、NEDO が 2016 年度より「還元熱水高度利用技術」の開発を行っている。これは、①シリカ回収により還元井のスケール閉塞問題を解決し、②閉塞問題の解決により還元温度を下げ追加的バイナリー発電で発電量を増大させ、③シリカを経済的価値のある「コロイダルシリカ」として回収する、という３段階で経済性を向上させるものである。既存の地熱発電所内にシリカ回収実証プラントを構築して、コロイダルシリカの回収技術のさらなる確立を目指しており、還元井寿命を２倍以上延命させることが最終目標である。

2. 地熱流体採取量の安定化・最適化研究

後者については、JOGMECが2013年度より、地熱流体の生産量の安定化・最適化させるための研究を行っている。蒸気生産量が減少している既開発地域の地熱貯留層に地熱井から冷水を注入し、蒸気生産量を回復させるものである。この手法は、イタリアのラルデレロやアメリカのガイザーズでの成功事例がある一方、貯留層温度低下の恐れもあり、貯留層ごとに流体流動と温度変化の精緻なシミュレーションを行ってから、注水の位置と量を適切に決める必要がある。

(7) 環境アセスメントの短縮化：数値シミュレーションモデルの活用

地熱発電は、ほかの再生可能エネルギーに比べてリードタイムが長い。メガソーラーで1年、小水力で2～3年、バイオマスで3～4年、陸上風力で4～5年だが、地熱開発は10年以上（既存のMW級地熱発電所の平均で13.6年）である。売電開始までに長い年月がかかることは、初期コストで必要な銀行からの融資、そして利息を嵩ませ、発電コストを押し上げる。

リードタイムが長い理由は2.2節1項の図3のとおりだが、そのうち期間を短縮または前倒しできるのは、環境アセスメントである。そのためNEDOは、環境アセスメントを前倒しで行うための補助制度や、期間短縮につながる技術開発を行っている。

環境アセスメントの一環として、地熱流体に硫化水素が含まれる場合は、冷却塔からの排気について広域的な拡散予測が必要である。拡散予測には風洞実験が適用され、解析を含めて6カ月程度を要する。NEDOは、2013～2015年度に拡散予測の数値シミュレーションモデルを開発し、評価期間と費用を従来の半減することに成功した。さらに数値計算では、入力パラメータさえ変えればあらゆる風向･風速に対して計算できるので、2パターン程度の風向でしか測定できなかった風洞実験よりも正確な予測が可能となった。この成果は制度にも反映され、発電所に係る環境影響評価の手引きの改訂版（経済産業省、2017）に、「その着地濃度の予測は地形、建物の影響及び排気の上昇過程の相似性を考慮した風洞実験、又は風洞実験に代替できる数値計算モデル（例えば、「地熱発電所から排出される硫化水素の大気拡散予測のための数値モデル開発、大気環境学会誌、第52巻 第1号、pp.19-29 （2017）に示される数値計算モデル）により行う」と計算モデル例（カッコ内）が加筆された。

(8) 地熱発電量の飛躍的拡大：1GW 規模の地熱発電実現にむけて

日本は天然の熱水系資源に恵まれているものの、地元との調整や環境への配慮などさまざまな制約を考えると、現実的な地熱発電量の増大は現状の 3 倍弱の 1.4 GW にとどまるとの見方もある（資源エネルギー庁、2015）。しかし近年、東北地方の深さ 4 ～ 5km の古カルデラには、500℃程度の超臨界状態の水が存在し、1 カ所で 1GW 規模（原子力発電所 1 基分）の地熱発電ができる可能性が示唆された（Watanabe, et al., 2017）。そこで NEDO は、2015 ～ 2016 年度に超臨界地熱資源の開発に向けた先導研究を行い、2017 年より本格的な研究を開始

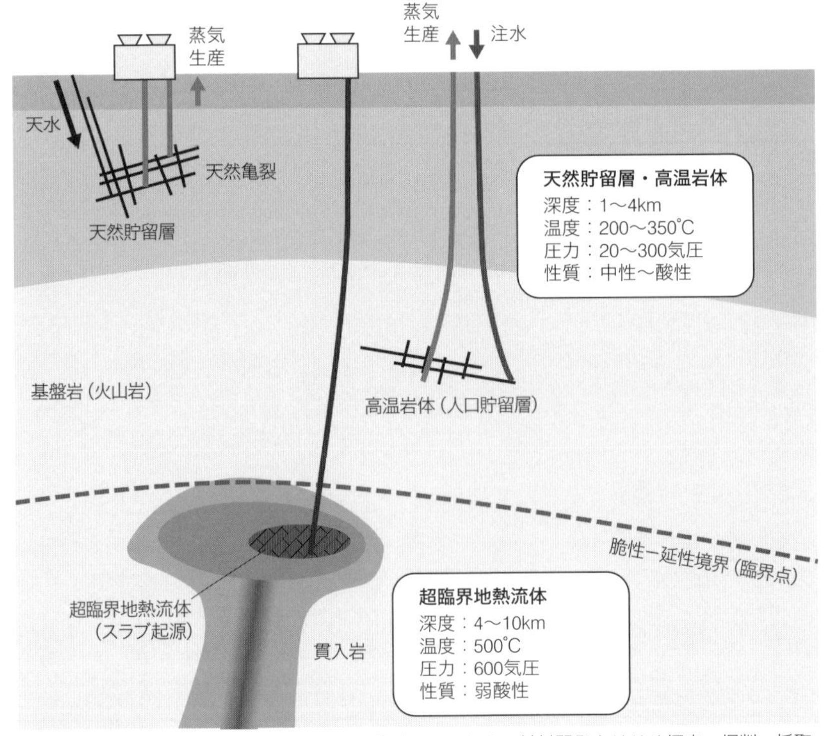

超臨界地熱流体は、超高温高圧・強酸性を特徴とするため、材料開発をはじめ探査・掘削・採取の革新的技術が必要。さらに、この温度・圧力領域の岩石物性や亀裂の力学特性も不明であり、理学的にも未知の領域。

図 4　天然貯留層・高温岩体・超臨界地熱流体の概念図（出典：産業技術総合研究所資料）

した（図4）。これは2016年4月に策定された「エネルギー・環境イノベーション戦略（NESTI2050）」において、温室効果ガス排出量を削減する有力な技術開発と位置付けられ、2050年ごろの実用化が想定されている。

超臨界地熱流体は、超高温高圧・強酸性を特徴とするため、材料開発をはじめ探査・掘削・採取の革新的技術が必要である。さらに、この温度・圧力領域の岩石物性や亀裂の力学特性も不明であり、理学的にも未知の領域とされており、今後の解明が期待される。

参考文献

- 経済産業省（2017）「改訂・発電所に係る環境影響評価の手引」（第4章 六 予測の基本的な手法について イ 基本的な考え方、2017年5月）
- 日本地熱開発協議会（2012）「資源エネルギー庁調達価格等算定委員会 第3回資料」（2012年3月19日）
- 小野浩己・佐藤歩・佐田浩一・瀧本浩史・道岡武信（2017）「地熱発電所から排出される硫化水素の大気拡散予測のための数値モデル開発」『大気環境学会誌』第52巻、第1号、pp.19-29
- 産業技術総合研究所（2009）「パラダイム転換としての地熱開発推進」Gate Day Japan シンポジウム資料（2009年8月）
- 資源エネルギー庁（2015）「再生可能エネルギー各電源の導入の動向について」第4回長期エネルギー需給見通し小委員会配布資料2（2015年3月10日）
- Watanabe, N. , Numakura, T. , Sakagushi, K. , Saishu, H. , Okamoto, A., Ingebritsen, S. E. and Tsuchiya, N. (2017) "Potentially Exploitable Supercritical Geothermal Resources in the Ductile Crust", *Nature Geoscience*, 10, pp.140-144

2.3

事例編Ⅰ：地域主導の小型地熱開発

これまでエネルギー生産を縁遠いものと思ってきた地域の人々が、そばにあるエネルギー資源を活用しようと思ったとき、まず「どこから何に手をつけてよいかわからない」と考えるのが一般的だろう。しかし、日本の各地でヒューマンネットワークを束ねると、技術的なこと、経済的なことを一つひとつ乗り越えることが可能だ。2.3 節では、地熱をコミュニティの資本として活用する動きを取り上げる。

長崎県雲仙市

小浜温泉バイナリー発電所：
未利用温泉熱を活用した地域活性化

山東晃大

1. 源泉温度105℃、日量1万5,000トンの豊富な温泉資源

小浜温泉は、長崎県雲仙市小浜町、島原半島の西部に位置する観光業を主体とした人口約3,000人の温泉街である。島原半島の中央には1990年代に噴火した雲仙普賢岳があり、雲仙温泉をはじめ、周辺地域はその恩恵を受けて豊富な地熱資源を有する。特に小浜温泉は、源泉温度105℃、一日あたり1万5,000トンの豊富な温泉資源を有する。これは、小浜温泉に面する橘湾の地下にマグマ溜まりがあり、小浜温泉の地下を通って雲仙普賢岳にマグマが供給されているためと言われている。そのため、温泉街自体は南北1.5kmと東西500mの狭いエリアだが、約25の温泉井と15の旅館ホテルが立ち並ぶ。

(1) 温泉地としての歴史

小浜温泉の歴史は古く、奈良時代初期の『肥前風土記』(713年) にも温泉が出る場所として認知されていたが、本格的に湯治場として栄えたのは江戸時代初期からである。1684年に島原藩から「湯太夫」と称して本多家が小浜温泉の管理を任され、その後本多湯太夫は12代に渡って小浜温泉の湯守(ゆもり)を担った。20世紀初頭には中国大陸と日本をつなぐ長崎・上海航路で訪日した上海租界(そかい)在住の欧米人、特にロシア人の観光客が避暑のために多く見られた。また、終戦直後には豊富な温泉熱を利用した製塩業が盛んになり、一時期小浜温泉だけで

図1　小浜温泉のまちなみと温泉資源

100カ所以上の製塩工場が稼働されていた時期もあった。現在は、年間約15万人の宿泊者が訪れる保養地となっている（図1）。

(2) 製塩業の発展

小浜温泉は豊富な温泉資源の恩恵を受けた温泉街だが、実際に利用されている温泉資源は約30%と言われている。余剰源泉水は、未利用のまま海に排出されることになる。また現在、小浜温泉の温泉資源の大半は、浴用として旅館に供給されている。この浴用のためには、泉温を42℃前後に下げる必要があり、古くから住民は、これらの未利用温泉熱の活用方法について関心があった。

その活用方法の一例が、前述した製塩業である。温泉水と地下海水をブレンドした塩分を含む温泉水を高温の温泉熱で熱し、気化させて塩の結晶を生産していた。しかし、1930年代からの輸入塩の増加と1959（昭和34）年の台風14号による製塩工場の被害がきっかけで、小浜温泉の製塩産業は衰退した。さらに、当時過剰に温泉水を利用していために湯温が75℃まで下がったが、その後徐々に湯温と自噴量が回復し、再び大量の未利用温泉水が発生した。

その後、未利用温泉水の活用策の一つとして挙がったのが、温泉バイナリー発電である。小浜温泉では、2013（平成25）年から〈小浜温泉バイナリー発電所〉が稼働を始めた。

2. 地元住民の反対を乗り越える丁寧な合意形成

(1) 1980年代：地熱資源調査の参入と撤退

小浜温泉における地熱資源活用の取り組みは古い。電球が一つ灯るほど小さな温度差発電の実験や研究レベルの取り組みは少しずつ行われていた。

本格的な地熱開発が始まったのは、1984（昭和59）年からNEDOが実施した地熱資源調査である。地熱資源調査として、小浜温泉周辺地域を含む雲仙西部地域を対象に、計10カ所の掘削調査が行われた。当時を知る小浜温泉住民によると、当初NEDOは将来的に発電事業を見越して地熱調査を実施したようだ。しかし、温泉関係者をはじめとする地元住民が開発の反対を表明したため、地熱調査のみが実施された後は、すべての調査施設は撤去された。その後、1990（平成2）年には雲仙普賢岳の噴火などの自然災害を挟み、長い間地熱開発の動きは停滞した。

(2) 2000年代：地熱開発の再開と反対運動

2000（平成12）年からは、旧小浜町役場（現雲仙市の一部）を中心として、再び地熱開発の取り組みが活発になった。2004年に小浜総合自然エネルギー特区に承認されたことを皮切りに、250kWの小規模バイナリー発電プラントの試験が開始され、旧小浜町が主体となって事業化に向けた具体的な動きまでこぎ着けた（これを発電所Aとする）。

一方で、2004（平成16）年の同時期に旧小浜町と民間企業が協力して、かつ

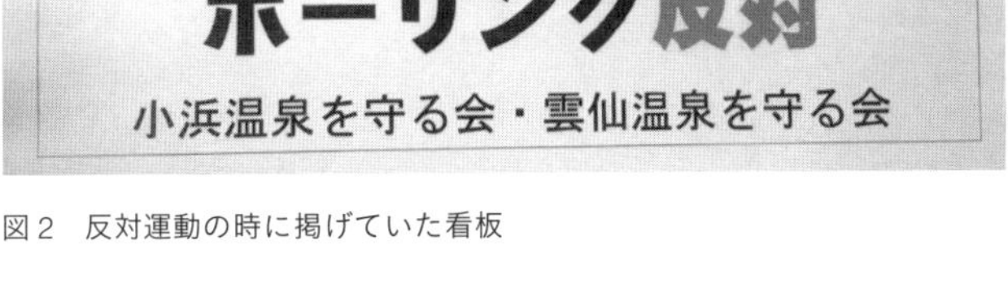

図2　反対運動の時に掲げていた看板

てNEDOの地熱調査で発電適地と思われた地点で、新しく地熱井を掘削することを想定した発電所を計画した（これを発電所Bとする）。

この発電所Bの計画が周知不足だったため、小浜温泉の地元住民は旧小浜町に対して懸念を示した。事前に新規掘削の話を全く聞かされていなかった小浜温泉と雲仙温泉の利害関係者が温泉への影響を懸念し、「温泉を守る会」を結成して反対を表明したのだ（図2）。その結果、当時長崎県環境保全審議会温泉部会に新規掘削の申請をしていた発電所Bは、地元住民の合意がないことを理由に、不許可処分が下された。

その後も発電所Aの実証事業の準備は進められたものの、2005（平成17）年には当時のバイナリー発電の技術では源泉温度が不足していることがわかり、発電所Aも実験中止が決定された。

(3) 丁寧な理解の醸成

地熱開発の反対運動で地熱発電計画が中止に至った小浜温泉だが、その後すぐに新たな動きが生まれた。2007年に長崎大学環境科学部と雲仙市が連携協定を締結したことをきっかけに、地域住民と研究者が協議や勉強会で接点を持つ機会が増えた。地熱開発に反対していた小浜温泉では、主に発電のための新

図3　小浜温泉の未利用温泉水

図4　一般社団法人小浜温泉エネルギーのメンバーと実証事業の関係者（左端が筆者）

規掘削に対して反対していた住民が大半であった。一方で、未利用温泉資源を自然エネルギーに活用することについては、それほど反対意見はなかった。また、当時バブル経済の崩壊や雲仙普賢岳の噴火以降、小浜温泉の観光客数も減少の一途を辿り続けていたため、何か打開策が必要だという状態でもあった。そこで、新規掘削を必要とする大規模地熱発電ではなく、未利用温泉水を利用するバイナリー発電が新たな打開策の一つとして提案された（図3）。勉強会を通じて少しずつ地熱発電やバイナリー発電のしくみについて学ぶことで、かつては開発に反対を主張していた地元住民たちを主体とした小浜温泉エネルギー活用推進協議会と「一般社団法人小浜温泉エネルギー」の設立に至ったのである（図4）。

3.〈小浜温泉バイナリー発電所〉の事業化

(1) 発電所の概要

「一般社団法人小浜温泉エネルギー（以下、小浜温泉エネルギー）」は、2011（平成23）年度から3年間、環境省事業としてバイナリー発電の実証事業に取り組んだ。実際に神戸製鋼製のマイクロバイナリー（72kW）3機を使って稼働

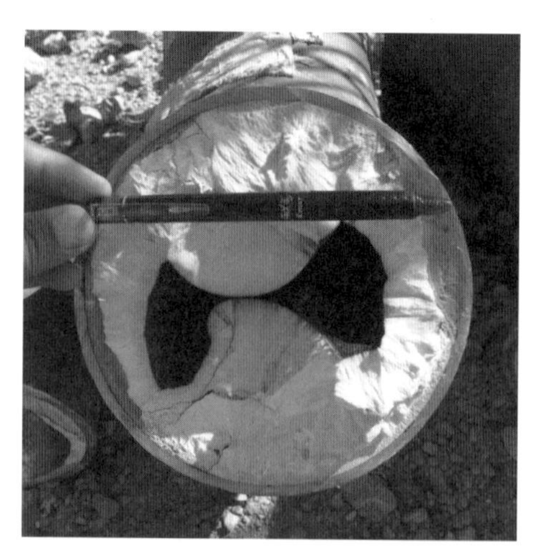

図5　実証実験の時に温泉スケール（炭酸カルシウム）で詰まった配管

させ、事業性を検証する実験が行われた。当時、小型バイナリー発電の事例が少なかったため、事業採算性や二酸化炭素削減効果を見ることを目的とした事業であった。また、バイナリー発電における維持管理費がどの程度まで抑制できるかにも焦点が当てられた。特に、小浜温泉は温度が低下すると温泉スケール（湯の花）が発生するという課題がある。小浜温泉の旅館では、この温泉スケール除去の問題が発電にどの程度影響を与えるか懸念されていた（図5）。

(2) 民間企業との協働体制

環境省事業は、民間企業と小浜温泉エネルギーの協働で進められた。主に民間企業は発電所建設の技術的な部分を担い、小浜温泉エネルギーは地元温泉事業者との調整役を担った。

2013（平成25）年4月から約1年間の予定でデータ取得を目的とした民間企業の実証実験が始まった。しかし、発電開始直後から温泉スケールが溜まりはじめ、5カ月後の同年9月、半年も経たないうちに発電の事業性が見込めないことが発覚した。また、発電事業に必要な許認可申請の遅れや、地元住民とのコミュニケーション不足など、発電実績以外の面でも多くの課題を残した。

その後、小浜温泉エネルギーは実証実験のパートナーであった民間企業に代わる新たなパートナーとして、「㈱洸陽電機」を選んだ。2014（平成26）年度

表1 〈小浜温泉バイナリー発電所〉の概要

項目		内容
所在地		長崎県雲仙市小浜町マリーナ
運転開始年月日		2013（平成25）年4月
開発事業者		洸陽電機株式会社
建設時の環境配慮		・未利用温泉水のみを発電に利用する ・近隣住宅への防音対策
運転状況	出力（発電端）	135kW
	方式	バイナリー方式
	稼働率	約95%

からは、発電所の大幅な改修工事を経て、再度温泉スケール除去のための実証実験が行われた。その結果、温泉スケールの付着が抑制され、2015（平成27）年9月から〈小浜温泉バイナリー発電所〉の事業化にこぎ着けた。現在に至るまで、洸陽電機100%出資の発電事業会社が、〈小浜温泉バイナリー発電所〉を運用している（表1）。ただ、地域とのコミュニケーション不足等の課題は引き続き残っており、地域と共生した発電事業の実現へ向けた新たな体制づくりが望まれている。

4.「小浜温泉ジオツアー」をはじめとした六次産業化への試み

小浜温泉の取り組みには他地域と違う二つの特徴がある。

第一に、地元温泉事業者の主導で温泉バイナリー発電に取り組んでいることである。日本における地熱開発の多くは、地元住民による反対運動で思うように進まないことがある。小浜温泉でも2005（平成17）年には同様の歴史を辿った。しかし、前述のように長崎大学の仲介による合意形成を経て、かつて反対運動に参加していた地元温泉事業者が推進者として小浜温泉エネルギーを支えているのである。

第二に、これらの取り組みを地元温泉事業者に限定せず、周辺の地元住民にも門戸を広げていることである。当初は小浜温泉でも、地元温泉事業者を中心とする小浜温泉エネルギーが中心で、それ以外の地域住民がプロジェクトに参加する機会は少なかった。しかし、そのなかで温泉資源とまちづくりをつなげる議論が活発化してきたことを受け、温泉事業者以外の30以上の地元団体も参加できる「まちづくり協働部会」を定期的に開催した。協働部会の目的は、

図6　小浜温泉ジオツアーに訪れた修学旅行生を筆者が案内しているところ

これまで小浜温泉周辺で単体で活動していた約20の市民団体や個人が話し合いに参加できる場をつくり、新たな取り組みを生み出していくことである。協働部会をきっかけに、視察者と観光客向けに発電所見学とまち歩きをセットにした「小浜温泉ジオツアー」[注1]が生まれた（図6）。

他にも、発電から出る排熱を利用した熱利用養殖事業の可能性を検討するために、漁業関係者と一緒に半年間の養殖実験を行った。観光・食・エネルギーを掛け合わせた新たな取り組みを期待している。

このような六次産業化のアイデア以外にも、若者からシニアまで一緒に協働部会で幅広いテーマについて話し合われた（図7）。

5. 温泉資源で結束する地域力を活かす六次産業化

小浜温泉の取り組みは、未利用温泉熱を有効活用して観光客増加と雇用創出することで、地域全体で環境と経済を両立した持続可能な低炭素まちづくりを目指している。地元住民主導で設立された小浜温泉エネルギーは、地域の合意形成からバイナリー発電の実証実験を経て、発電の事業化にこぎ着けた。その過程で、小浜温泉ジオツアーや協働取組など地域全体を巻き込む動きもあった。

図7　まちづくり協働部会

〈小浜温泉バイナリー発電所〉は、全国に地元主導の地熱・バイナリー発電の先進事例としての役割を果たした。現在は、地域に普及可能な小規模発電の実験や、スケール対策の実証の場として研究プロジェクトを受け入れるなど、雲仙市と共同で小浜温泉に適した発電方式を模索している。

また、小浜温泉では過去に過剰に温泉を利用していた製塩業の反省を踏まえ、日本屈指の温泉資源と共生したまちづくりの先進モデルとなることを目指している。最近では、資源量調査を行い、小浜温泉の適正な利用方法を探り、今後引き続き地域住民と産官学連携で地域の温泉資源をどのように有効活用していくか話し合いを進めている。それらの地域の合意形成を経て、今後は発電所だけでなく、温泉資源とまちづくりをつなげる排熱を利用した養殖や農業などの熱利用事業を増やし、観光客増加と雇用創出に貢献する事業をさらに展開していく。

注

注1　小浜温泉ジオツアー
小浜温泉の取り組みに関する講義と発電所見学をセットにしたツアー。参加者は研究者・民間企業・自治体・政治家・観光客・修学旅行など多様で、発電の取り組みを地元の観光にも活かそうと考えてつくられたプログラム。

福島県福島市

土湯温泉バイナリー発電所：震災復興から域内経済循環へのリーダーシップ

山東晃大・諏訪亜紀

1. 土湯温泉と地域の課題について

土湯温泉は、福島県福島市郊外の山間部、吾妻連峰の中腹に位置する温泉地である（図1、2）。地熱資源が豊富な地域であり、源泉温度は約130℃と高温な温泉熱水と蒸気が噴き出し、8種類以上の泉質を持つ。温泉街の中央には、水質日本一に輝く一級河川の荒川が流れている。また、伝統工芸品である土湯こけしの産地としても有名だ。歴史的にも古く、福島城下町から会津に向かう会津街道の宿場として1400年以上前から栄えた温泉地である。

しかし、2011年に発生した東日本大震災と〈福島第一原子力発電所〉事故で土湯温泉の状況は大きく変わる。地震による建物の倒壊や風評被害によって旅館経営が圧迫され、震災前は16軒あった旅館が11軒まで減少したのである。2010年度には25万人を数えていた宿泊客数は、震災後の2011年度には15万人まで減少した。大震災直後は、県内各地の温泉旅館が避難所として使用され、土湯温泉でも使用できる温泉旅館が二次避難所として指定されたことから、被災者や避難者を受け入れ、ピーク時には約950名の方々が避難生活を送られていた。しかしその後の2011年8月末には、仮設や借り上げなどによる避難住宅の整備が進められたことから、避難者は土湯温泉からも離れていくことになる。

福島県全体としても、原発事故の風評被害から県外への移住者が後を絶たない状況下で、土湯温泉でも旅館の稼働率が3割を下回るようになり、人口と産

図1　土湯温泉全景。中央部に流れるのが荒川（提供：㈱元気アップつちゆ）

業の活力を大きく失った。そして観光客の減少と同時に、少子高齢化も相まって人口減少が顕著である。土湯温泉町の人口を比較すると、震災の翌年2012年1月は約430人であったが、2018年1月には約340人まで減少した。同期間で世帯数は35世帯減少している。

このような状況に直面した土湯温泉では、まちの未来に危機感を抱いた地元有志ら29人によって、土湯温泉の将来について考える「土湯温泉町復興再生協議会」が結成された。〈土湯温泉16号源泉バイナリー発電所〉は、この取り組みの一つとして生まれた。

2. 土湯温泉における地熱開発の経緯

土湯温泉の周辺地域は、1980年代に、NEDOによる地熱資源調査が行われるなど、豊富な地熱資源を有することで知られていた。現在稼働中の発電所で利用している源泉温度も139℃と高温であり、かねてより発電事業の有望な地域であった。しかし調査当時、発電事業に関しては地元住民の合意を得られることはなかった。

そのような状況を動かしたのは、前述の東日本大震災と〈福島第一原子力発電所〉事故であった。「このままではまちが消える」と、大震災以後の厳しい現

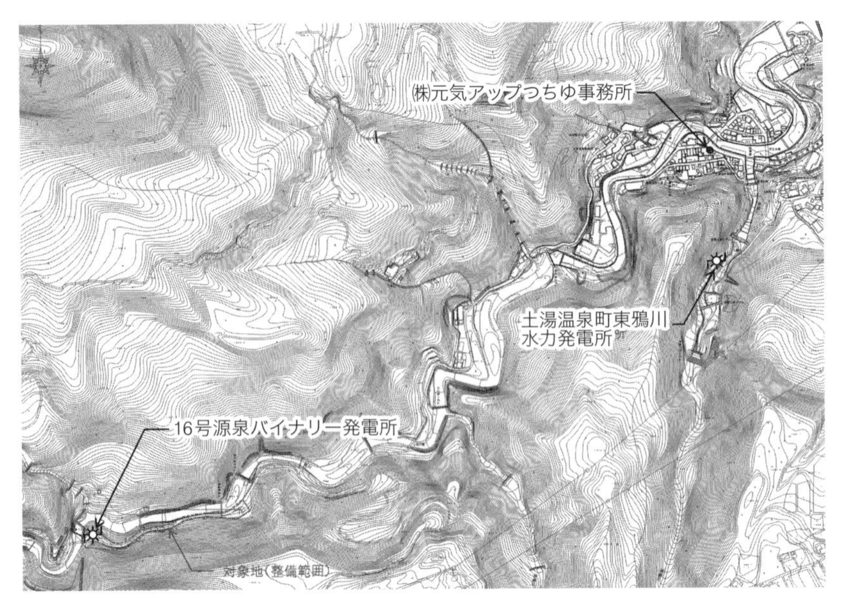

図２　土湯温泉周辺図（出典：福島県HPをもとに作成）

実を直視した地元有志29人が集まり、2011年10月、土湯温泉の復興再生へ取り組む「土湯温泉町復興再生協議会（以下、再生協議会）」が発足した。

再生協議会の主なメンバーは、町内会、観光協会、旅館組合といった各種団体の核となる人物であり、復興計画を策定した。計画の基本テーマは「訪ね観る・誰もが憩う・光るまち」とし、以下の五つを計画の柱とした。

⑴温泉観光地の将来を占うモデル地域の構築

⑵少子高齢、人口減少社会への対応

⑶自然再生エネルギーを活用したエコタウンの形成

⑷産官学との連携

⑸計画を支える組織の確立

そして、再生協議会による検討の結果、①廃業した旅館や建物を放置せず、損傷したインフラや景観整備を主たるコンセプトに位置付けた、福島市との共同による「土湯温泉町地区都市再生整備計画事業（総額21.5億円）」、②温泉町周辺に存在する砂防堰堤を活用した小水力発電、③既存の温泉井を活用した温泉バイナリー方式による地熱発電の実施を決定した。

3. まちの結束力

(1) 第一次オイルショックを乗り越えた「あらふど（新踏土）の会」

大震災から半年で再生協議会を結成し、即座に計画を策定できた団結力の背景には、オイルショックを地域で乗り越えた経験があった。

土湯温泉は地域一帯が「磐梯朝日国立公園」内に位置しており、加えて豊富な温泉資源を有していることから、1959年に「磐梯吾妻スカイライン」が完成してからは観光ブームに便乗して空前の活況を呈した。

しかし、第一次オイルショックを機に、旅のあり方に変化が訪れ団体客は激減。温泉観光地にとって厳しい局面を迎えていた。その時立ち上がったのが青年団体「あらふど（新踏土）の会」である。「あらふど」とは、土湯の方言で「新雪が降り積もったところを踏みしめ、人々が通れるよう道をつくる」との意味があり、新たな道を切り開くとの思いを込めて名付けられた。危機に直面した町を救い、将来に向け新たな道を切り開くため、2011年の再生協議会も、当時、あらふどの会・会長を務めていた加藤勝一氏をはじめとするメンバーが中心となり結成された。

(2)「㈱元気アップつちゆ」の設立を支えた地域の資本力

再生協議会で策定した復興再生計画を実行するため、2012年10月「㈱元気アップつちゆ」が設立された。NPO法人土湯温泉まちづくり協議会が10%の200万円、湯遊つちゆ温泉協同組合が90%の1,800万円、計2,000万円の出資により設立された。代表取締役は前述の加藤氏が務める。

資本金は地元の2団体が出資した。一つは地元の観光事業を担う「NPO法人土湯温泉観光まちづくり協議会」。土湯温泉における観光協会としての機能を持つ団体だ。もう一つは、温泉旅館などに供給される共同源泉の管理を担う「湯遊つちゆ温泉協同組合」だ。

ここで特筆すべきは、地元団体による元気アップつちゆ設立への迅速な出資である。

観光客が減少している観光地では、慢性的な財源不足を課題としており、新たな事業やまちづくりに投資できない例が多くみられる。そのため、財源を国や地方自治体からの補助金や助成金のみに頼る構図が珍しくない。しかし、土湯温泉ではもともと財源的に自立した地元団体が存在しており、再生協議会設立から1年で元気アップつちゆへの出資を実行している。

観光協会の役割を担うNPO法人は、観光案内や情報発信だけでなく、「道の駅つちゆ」の指定管理者として20年間の受託運営をしている。また、温泉協同組合においては、共同源泉の管理のため、各旅館などの組合員から配湯料金を徴収している。徴収した配湯料金の多くは、有事に備えて積み立てられている。震災時に損壊した1号源泉の修繕費用も積立金から支出した。その震災時の修繕費用を差し引いてもまだ十分な積立金がプールされており、それらを元気アップつちゆの資本金として出資した。自立した地元団体の存在が、迅速な会社設立を可能にしたのだ。

このようにして〈土湯温泉16号源泉バイナリー発電所〉の事業体制は、自立した地域団体の手厚いサポートによって、着々と整えられていった（図2）。

4. 地熱発電で地域を再生する

(1)〈土湯温泉16号源泉バイナリー発電所〉の概要

地域復興の目玉として土湯温泉で採用したのは、温泉バイナリー方式と呼ばれる地熱発電である（表1）。井戸から湧出する高温の源泉が、発電機の中にあるペンタンという低沸点媒体を沸騰させ、発生したペンタンの蒸気でタービンを回転させ発電する。タービンを回した後の蒸気は、低温の冷却水によって沸点以下の温度まで下げ、再び液体に戻される。このサイクルを繰り返して、安定的に発電する。

温度差がエネルギー源となるバイナリー方式では、高温の源泉と低温の冷却

表1 〈土湯温泉16号源泉バイナリー発電所〉概要

項目		内容
所在地		福島県福島市土湯温泉町字下ノ町17（事務所）
運転開始年月日		2015年11月
発電事業者（SPC）		つちゆ温泉エナジー㈱
建設時の環境配慮		—
運転状況	出力（発電端）	440kW
	方式	バイナリー方式
	稼働率	90％以上

水を確保しなくてはならない。土湯温泉は、その両方に恵まれていた。土湯温泉の源泉は130℃以上と高温であり、湯量も豊富である。また、発電所の400m上流に沼があり、冷却水はこの沼から調達している。年間を通じて10℃前後と低温で、毎時200t以上の冷水が発電機に供給される。上流の沼から取水するため、冷却水を循環させるポンプ動力も必要としない。それにより、所内消費電力を抑えることができ、その分多くの電力を売電に回すことができるのだ。

日本で多く用いられているフラッシュサイクル方式による地熱発電は、高温高圧の蒸気を利用するために、地熱井を深く採掘する必要がある。しかし、流体の採取による周辺温泉の湧出量の減少など、地元温泉関係者が温泉への影響を懸念する場合が多い。土湯温泉でも、かつてNEDOによる資源探査のときには、住民の理解が得られなかった経緯がある。

しかし、今回のバイナリー発電において反対する住民はいなかった。理由の一つは、既存の源泉を使用するため、新たな井戸の掘削が必要なく、温泉供給には影響がないことにある。また、土湯温泉では、高温の源泉（約130℃）を湧水（約10℃）で加水し供給温度（65℃）に下げて供給しているため、加水前の熱エネルギーだけを発電に使うという説明にも地域住民らは納得した。

また、すべての源泉の管理運営を湯遊つちゆ温泉協同組合が一括して行っており、バイナリー発電を行っても温泉を受給する組合員に契約条件や不利益を生じさせないことを明言し、問題が生じることもなく、既存の温泉井を利用することができた。

(2) 復興の象徴としての発電事業

2011年、再生協議会は環境省の「平成23年度再生可能エネルギー事業のための緊急検討委託業務」の公募に応募し、翌年2012年1月に採択され、温泉資源の調査を実施した。その結果、既存の源泉（16号源泉）から400kWであれば発電が可能であることがわかった。この結果を受け、具体的な発電事業構想を進めていくことになった

土湯温泉バイナリー発電事業の実現するにあたり、複数の補助金と支援制度を活用した。第一は、前述の環境省による補助金である。発電に利用可能な温泉資源量や自然条件を調査した。

第二は、経産省による「再生可能エネルギー発電設備等導入促進支援対策事

業」だ。これにより、建設費の1割を賄った。

最後に、独立行政法人石油天然ガス・金属鉱物資源機構（JOGMEC）による債務保証である。金融機関からの借り入れで賄われる残り9割のうち、8割をJOGMECが債務保証することになった。結果、発電施設建設において大半の融資は地元金融機関（5億5,700万円）から借り入れることができた。

そして2013年10月、元気アップつちゆの100%出資（資本金500万円）のもと、温泉バイナリー発電のための特別目的会社（SPC）である「つちゆ温泉エナジー㈱」が設立された。

こうして2015年11月20日に〈土湯温泉16号源泉バイナリー発電所〉は晴れて竣工式を迎えた（図3）。〈福島第一原子力発電所〉事故による風評被害の影響が続いている土湯温泉にとって、バイナリー発電所は復興の象徴として期待された。恵まれた自然条件と豊富な地熱資源が功を奏し、〈土湯温泉16号源泉バイナリー発電所〉の稼働は順調である。現在も設備利用率90%以上と高い数値で運用を続けている。

また、発電所の所在地は温泉街から2kmほど離れた山中にあり、周辺に住宅

図3 〈土湯温泉16号源泉バイナリー発電所〉（提供：㈱元気アップつちゆ）

がないことから、発電所から発生する騒音や、引火性のある低沸点媒体「ペンタン」の使用にも支障はなく、稼働後に懸念される周辺とのトラブル発生もない。つまり、特筆すべき懸念点は皆無と言える。それに加え、発電事業会社も地元主体、源泉の権利も地元温泉協同組合が握っていることから、権利面においても今後も安定した稼働が見込まれている。

5. 市民のリーダシップが先導する新たな地熱事業

(1) 陸上養殖という新たな地熱利用への挑戦

一般的な地熱発電所の運用においては、稼働後に当初の予想発電量を下回る事例が多くみられる。しかし、土湯温泉の発電実績は運用開始後から高稼働率を維持し続けており、売電収入も当初想定していた年間約1億円を達成している。これは前述のとおり、安定した温泉熱源と冷却水を確保していることに加え、実績の多い世界的メーカーの発電プラントを選定したことが大きな要因だと推測される。

現在最も注目すべきは、土湯温泉における地熱利用が発電事業のみならず、新たな事業を展開していることにある。バイナリー発電後の温泉は、従来どおり温泉街に配湯される。しかし、媒体の温度を下げた冷却水は約21℃に昇温され、毎分4,000Lもの量になるが、そのほとんどは利用されることなく排水されていた。加藤氏は、この豊富な未利用熱に着目し、陸上養殖の事業化を始めた。

(2) 未利用熱を活用したエビ4万尾養殖事業の展開

陸上養殖の品種には、東南アジア原産の淡水エビであるオニテナガエビを選定した。海外では高級食材のスカンピとして有名である（図4）。オニテナガエビの養殖に最適な水温は25℃前後であることから、発電後の冷却水（約21℃）と温泉水（約65℃）を使い、熱交換設備によって最適な水温に調整・維持し、養殖用水として利用している。

この陸上養殖施設は、経済産業省の補助金「平成28年度　第1回　地熱開発理解促進関連事業支援補助金」を活用し整備した。そして、2017年5月23日、発電所からほど近いところに整備したビニールハウス内で、約1万尾のふ化からの完全養殖を始めた（図5、6）。

この際、人件費や養殖技術指導料などの補助金対象外の資金は、元気アップつちゆが自己投資した。先のバイナリー発電所建設時と同様、自立的な資金調達が行われていると言える。配湯料金を積立てていた温泉組合の存在が発電事業を、そして発電事業で得た収入で元気アップつちゆが養殖事業を実現させた。このように、〈土湯温泉16号源泉バイナリー発電所〉単体だけでなく、地域内の未利用資源を活用した域内経済循環を垣間見ることができる。

図4　オニテナガエビ

図5　オニテナガエビ釣りに挑戦（提供：㈱元気アップつちゆ）

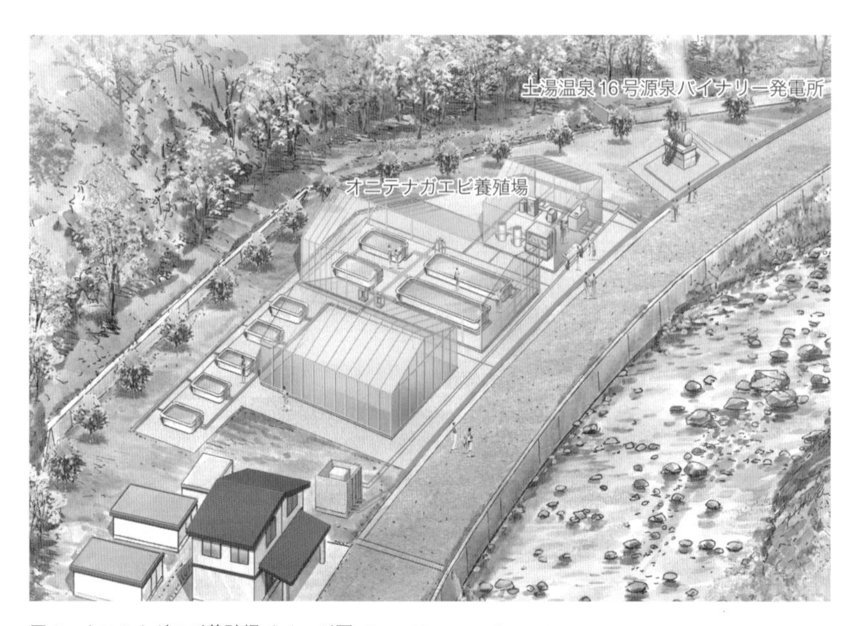

図6　オニテナガエビ養殖場イメージ図（提供：㈱元気アップつちゆ）

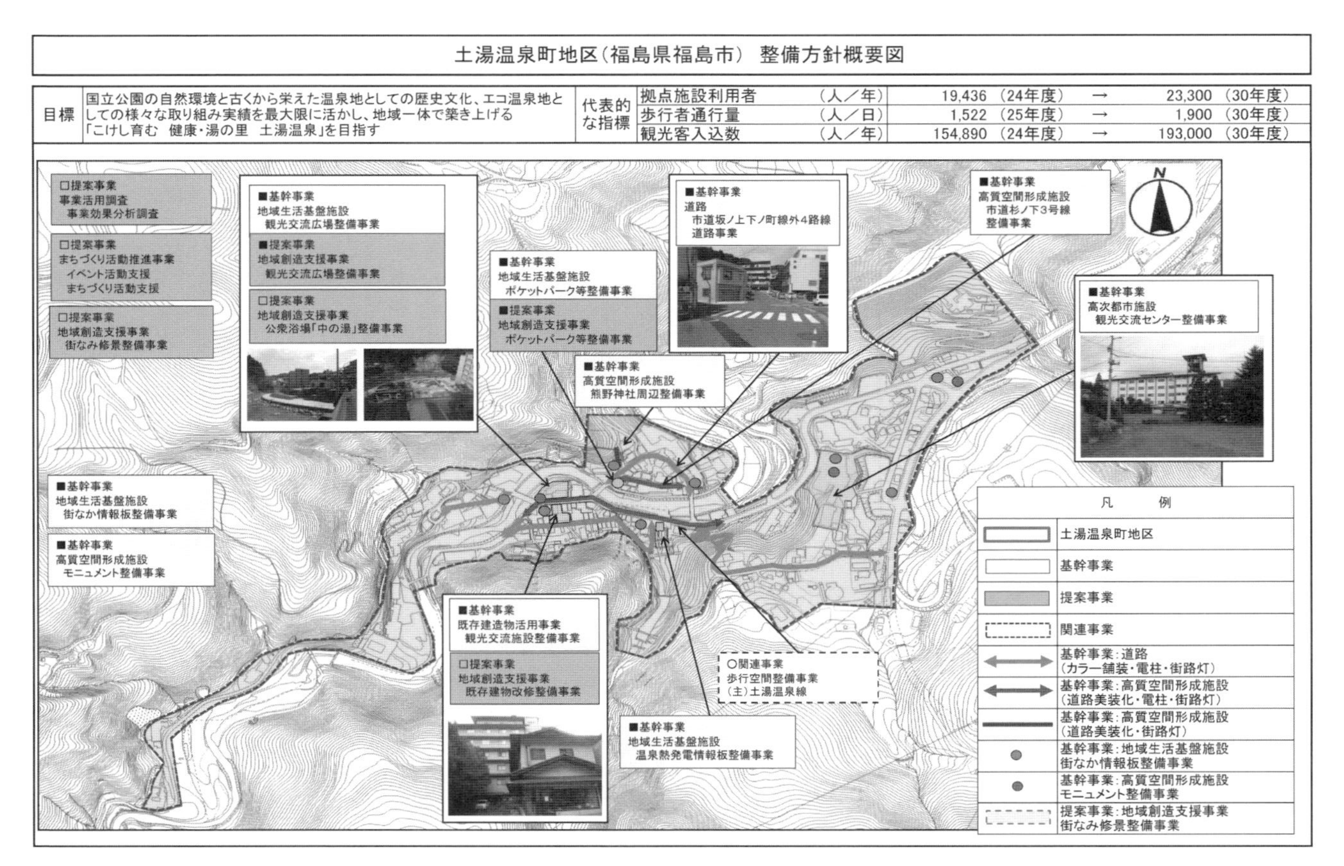

図7 土湯温泉町地区都市再生整備計画事業の方針概要（出典：福島県HP）

(3) まちのビジョンに地熱を生かす

陸上養殖について、将来的には養殖したエビの釣り堀を温泉街に整備し、観光客向けの施設の運営計画を進めている（図6）。また、土湯温泉全体を対象とした「土湯温泉町地区都市再生整備計画事業」も並行して進めており、温泉観光地としての街並み整備や、観光集客拠点の整備などが事業に盛り込まれている（図7）。

域外から土湯温泉の取り組みを見ると、温泉をはじめとした豊富な資源を有していること、大震災と原発事故がもたらした危機に地域全体で対応したことが成功を促した要因だと考えられる。そのなかでも、地域の迅速な対応力、団結力、資金調達力、そして加藤氏をはじめとする市民のリーダーシップ力が、本事例において大きな鍵を握っていたのは間違いない。長年培われたまちの団結力が、発電所と養殖施設の短期間での整備や、事業化を可能にしたと考えられる。加藤氏を筆頭とするまちの人たちの想いが、発電所というカタチになっているように思えてならない。

参考文献

・福島市「都市再生整備計画事業ほか（土湯温泉町地区）」
http://www.city.fukushima.fukushima.jp/toshikei-machi/machizukuri/toshikekaku/toshisaise/1519/documents/gaiyou.pdf

熊本県阿蘇郡小国町

わいた地熱発電所：
合弁会社設立による地域自治の明確化

山東晃大・諏訪亜紀

1. 辺境の温泉地経営から地熱まちおこしへのシフト

熊本県阿蘇郡にある小国町わいた温泉郷は、九重連山の麓にある山間の温泉地だ。周辺には温泉地が点在し、高温な温泉水と蒸気を噴き出した地熱資源が豊富な地域である。ほとんどの温泉施設が自家源泉を持っており、それぞれに泉質が楽しめる。なお、「わいた」の名前は、この地域の涌蓋(わいた)山に由来する。民話では「背比べをして負けた万年山(はねやま)が、腹を立ててこの山を飛ばし、そこに沸いたように山ができたため、湧蓋山と呼ばれるようになった」と伝える。必ずしも温泉が「湧いた」わけではないようだが、山岳形成が活発な地域であることを表す言い伝えだ。

しかし、少子高齢化の波はこの人口 7,300 人の小国町にもやってくる。小国町における高齢者の比率が約 4 割近くに達するなか、特にわいた温泉郷の高齢化率は約 5 割にのぼる。衰退の一途を辿る地域の活性化は、わいた地区で暮らす人々の悲願となりつつあった。加えて、わいた温泉郷の主要産業である観光においても、周辺には大分県の由布院など有名な温泉地がある。湯量・泉質ともに申し分なく由布院に引けをとらないのだが、交通便の面においてはやや不利な地域である。知名度も「全国区」とは言えず、地域が観光による収入に頼ることができない状況にあった。

そこで浮上したのが、豊富な資源を活用した小さな地熱発電所を中心としたまちおこしプロジェクトだ。このプロジェクトにわいた地区の有志26名が立ち上がった（現在は、わいた地区全世帯の30名が参加）。

2. かつて地熱によって失われた地域コミュニティ

他地域にもれず、地熱開発はこの地域で全く新しい話、というわけではない。もともとわいた温泉郷のある小国町では、1996年に町と電源開発㈱によって2万kW規模の地熱開発が行われる計画があった。しかし、補償や対策方針が温泉関係者らと折合わず、計画は頓挫した。この問題を契機に、わいた温泉郷は反対派と推進派に二分化され、約700年の歴史を持つわいた地区の伝統的な「岳の湯盆踊り」もなくなるほどだったという。地熱は金を生まない、そんな挫折感だけが残った。

(1) 民間企業の撤退から「わいた会」の設立へ

しかし、この時の教訓からわいた地区では、大規模な外部資本の参加に依存せず、小規模でも地域密着型の地熱発電所建設を目標とすることとなった。そのためにまず、近隣への影響などを考慮しテニスコート一面分にあたる2MW

図1 〈わいた地熱発電所〉(筆者撮影、2017)

表 1 〈わいた地熱発電所〉概要

項目		内容
所在地		熊本県阿蘇郡小国町大字西里 3075
運転開始年月日		2015 年 6 月
発電事業者（現在）		合同会社わいた会
建設時の環境配慮		発電所の敷地を 200m² に限定
運転状況	出力（発電端）	2MW
	方式	フラッシュ方式
	稼働率	約 90％

の地熱発電所から立ち上げることにした。次に、2012 年には有志 26 名が出資した「わいた会」（当時は任意団体）を設立する。第三に、資金調達や建設・運営を委託するパートナーを選定した。それが、「中央電力ふるさと熱電㈱」（本社：小国町／以下、中央電力ふるさと熱電）であった。

中央電力ふるさと熱電は、マンション向けの一括受電というサービスを提供する中央電力㈱の関連会社である。中央電力ふるさと熱電は、わいた会から資金調達・建設・メンテナンスのすべてを委託される、新興国のインフラ整備で活用する BOO（Build Own Operate：建設・運営・所有）方式に似た方式を採用している。わいた会の小さな地熱発電所建設は幾多の課題をクリアし、2014 年 12 月に試運転開始（FIT による売電開始）、2015 年 6 月から商用運転を開始した（図 1、表 1）。

(2) 住民に生まれたオーナーシップ意識

2018 年現在〈わいた発電所〉の従業員は、わいた会に所属する地域住民が昼夜フルタイムの勤務をシフト制で行う。わいた会は、売電収益の 80％で中央電力ふるさと熱電に委託する（中央電力ふるさと熱電は、その委託費にて設備投資の回収、施設運営を行う）。わいた会は自らの収益を活用し、わいた地区全世帯に対する配湯設備、パクチーやバジルなどを栽培する熱水を活用した温室栽培施設を運営している。また、わいた地区の観光資源開発や商品づくりにも充てている。万が一発電所の運転に問題があれば自らの収入も減少するため、地域の人々が主体的に〈わいた発電所〉の安定稼働に注力するという、理想的なオーナーシップ意識が醸成できていると言われている。

2016 年 7 月には、わいた地区の全 30 世帯が合同会社わいた会に参加し、当

図2　2016年に復活した「岳の湯盆踊り」(提供：中央電力ふるさと熱電㈱)

時の地熱発電の反対運動とともに途絶えていた「岳の湯盆踊り」も、14年の時を経て復活した（図2）。

3. 住民30世帯が主体となった事業スキーム

(1) 地域住民が設立する合同会社

先に触れたように2016年、わいた地区の有志26名が出資し「合同会社わいた会」（資本金26万円、2018年現在30万円）を設立した。発電事業主体はこの合同会社わいた会となる。これまでは、地熱発電事業は技術と資金力を持つ大手企業が事業主体となる場合がほとんどであった。しかし、同地区では1996年開発計画の頓挫以降、事業主体が大手企業では地域の反発が高まることも予想され、かつての地域分断の轍を踏まないためには、地域住民が設立するこの合同会社わいた会を中核とすることが重要であった。それはわいた地区の住民が地域の資源を活用し、地域を活性化させたいという思いに基づくものである。

しかし、合同会社わいた会単独では技術面や資金面でプロジェクト遂行は困難であるため、「BOO方式」をとり、そのパートナーとして中央電力ふるさと熱電を選定した。中央電力ふるさと熱電はもともと本社を東京に置いていたが、〈わいた発電所〉の稼働とともに本社を小国町に移した。また、同社からわいた

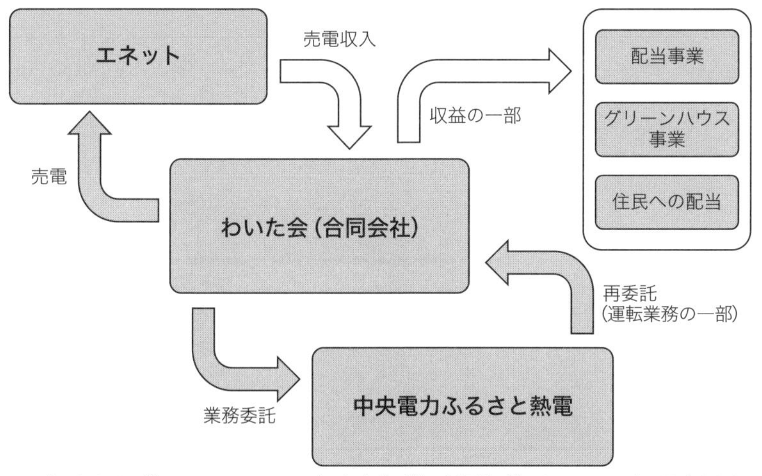

※エネットとは、㈱NTTファシリティーズ、東京ガス㈱、大阪ガス㈱によって2000年に設立された新電力事業者である。

図3　わいた会を中心とした地域連携のスキーム

会へ運転業務を委託することで5名の雇用を確保している（図3）。

(2) 運転開始〜モニタリング

わいた温泉では、小浜温泉や土湯温泉と同様に、過去の大規模な掘削調査が行われており、30本の井戸掘削におけるアセスメント調査と関連する報告書を活用することができた。地熱開発に関しては、いかに掘削調査とデータが重要であるかがわかる。第3章のニュージーランドでも扱うが、国レベルでのデータの蓄積と公表がわが国の今後の地熱開発においても重要であろう。なお、わいた会は、メンバーそれぞれが意欲的に地熱について学習し、専門家としての知識を得ているが、これもオーナーシップが地域力をも高めているからこそと言えるかもしれない。

加えて、発電所周辺には約100haの共有地、共有林が広がり、地域住民によって入会管理が行われている（図4）。入会管理は地域住民が主体であるため、広大な共有地で地熱の環境影響を定期的にモニタリングすることも、比較的容易になっている。一方、この周辺にはわいた断層の存在が指摘されている。リアルタイムでのモニタリングを9カ所で行い（図4）、断層との関連から運転に影響がないか、細心の注意を払って監視されている。

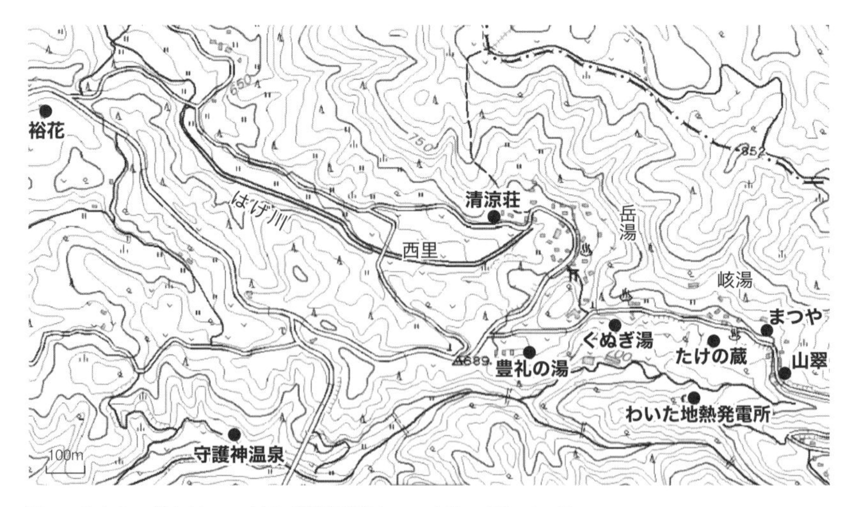

図４　共有地・共有林の９カ所で環境影響をモニタリングしている（提供：中央電力ふるさと熱電㈱）

4. ２号機構想と温室栽培

運転開始から２年が経過し、〈わいた地熱発電所〉は地域経済に大きな貢献を果たしている。さらにわいた会は、同規模の２号機の開発を計画している。これは、単機のみの運営よりも複数機で部品を共有するほうが収益化が近づくためである。

ただし、乗り越えなければならない課題の一つに、電力系統接続の交渉が挙げられる。１号機の折には何とかクリアしたが、後発であることに加え、わいた地区周辺の系統線が細いことなどを理由に２号機の接続交渉は難航することも予想される。

また、収益性の問題がさらに顕在化するのは、固定価格買取制度（FIT）による電力買取が終了する2030年以降だ。現在は40円/kWhで行っている売電がなくなれば、収益性の低下は免れない。だからこそ、売電以外に地熱資源を「販売」する方法を考えた。発電所からの温水を利用して、バジルやパクチーなどの単価の比較的高い農産物の温室栽培を始めたのもそのためである（図５～７)。温水はまた、近隣の温泉旅館と住宅に供給され、暖房・給湯に用いられている（図８)。

図５　温室に温水を供給する（提供：中央電力ふるさと熱電㈱）

図６　パクチー栽培（提供：中央電力ふるさと熱電㈱）

図７　バジル栽培（提供：中央電力ふるさと熱電㈱）

図８　地域内での温水供給

5. 合弁会社設立を契機とした、コミュニティの再生へ

わいた地区の地熱開発でも、他地域と同様に、かつての大規模計画からの苦い思いを乗り越えた経緯がある。地域の合意をしっかりと醸成すべく構築した、資金の地域還流を前面に押し出した事業スキームと運営体制により、実際に地域住民のオーナーシップは高められている。「地熱は金を生まない」と諦めず、「地熱に金を生ませる」枠組みをつくりあげるための一つの答えが、ここわいた温泉郷では「合同会社」方式だったと言えよう。高齢化が進むなか、「社員」の合意を図り、今後も地域の収益を探るための「社内」の意思決定は一筋縄ではいかないが、地域に賦与されているエネルギーによってどう社会的便益を高めるか。わいた会の事例は、日本の様々な地域で考えるべき問題への方向性を示している。

参考文献

・石田雅也（2017）「自然エネルギー活用レポート No.4　地熱発電で年間６億円の収入を過疎の町に ―熊本県・小国町の住民 30 人が合同会社で事業化―」自然エネルギー財団
https://www.renewable-ei.org/column_r/REapplication_20170725.php

2.4

事例編Ⅱ：地域と共生する大型開発

比較的小型なバイナリー方式だけがコミュニティと共生する地熱利用ではない。大型地熱発電所も、これまで人々の熱い思いに支えられて導入されてきた。地域に腰を据えた対応によって、信頼関係をつくり上げることができ、見えない資産が形成される。そうして可能になった新規開発では、システマチックな評価とコミュニケーションの枠組みが適用され、新しい時代に合ったより良い導入の方法が模索されている。2.4 節ではそんな新旧の開発事例が、どのように関係し合っているかを確認したい。

秋田県湯沢市

上の岱地熱発電所：地元企業と地域の信頼関係が可能にした新規開発

諏訪亜紀

1. 湯沢市の悩み

秋田県湯沢市に行かれたことはあるだろうか？　秋田県南東部、宮城県に隣接し、新幹線こまちだと、東京からは岩手県盛岡を経由して、秋田県（大曲）に入ることになる。ここまでの所要時間約3時間。正式には「東北新幹線＋奥羽本線」の組み合わせであるため、大曲からはややスピードが緩やかになり、約1時間かけてようやく湯沢に到着する。

しかしこうした秋田の交通アクセスが、同地の“秘境としての魅力”を際立

図1　小安峡を下に望む（熱水から蒸気が上がる）（筆者撮影、2012）

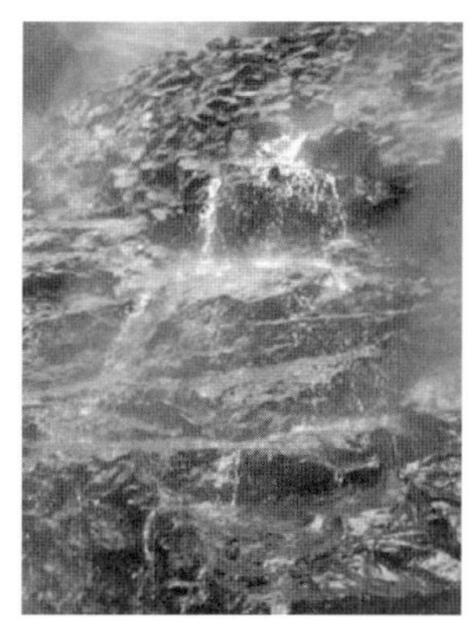

図2　小安峡岩壁から噴出する湯と水蒸気（筆者撮影、2012）

たせているとも言える。

また同市は、市の全域が「特別豪雪地帯」に指定されるなど、非常に雪深い地域である。上述の交通アクセス問題も抱えるからか、人口は、2005年度に5万6,000人だったものが、2016年度には約4万7,000人まで減少している。毎年約1,000人ずつ減少している計算で、行政としても過疎化については危機感を抱いている。

しかし湯沢市には、特産品の日本酒や稲庭うどんに加えて、不思議な魅力がある。それは市内で見られる「湯」だ。図1、2のように、市内の温泉地として知られる小安峡（おやすきょう）では、皆瀬川から国道沿いに約60m下の渓谷に降りると、熱水が渓谷の断崖の分け目から噴出するのを見ることができる。

本書1.1節のとおりマグマで温められた熱水は、地下深くに貯められるのが一般的だが、小安峡では熱水が地表まで上昇し、噴出しているのである。

湯沢市は秋田からも山形からも仙台からも盛岡からも約70～95km、東北地方のほぼ中央に位置する。地学的にもユニークなエリアであり、国内のジオパークに認定されている。なお、ジオパークとはgeology（地質学）＋park（公園）からの造語で、地質学的・文化的に貴重な地質遺産を保全し、教育活動などのほか、観光資源として地域の活性化に役立てようとする取り組みである。

このように、豊富な地下資源と興味深い構造を反映して、湯沢市には特徴的な温泉が多い。小安峡温泉のほか、泥湯温泉は白濁したお湯で有名である（図3、4）。

図3　泥湯温泉の旅館近景（筆者撮影、2012）

図4　白い湯の泥湯温泉（筆者撮影、2012）

図5　日本三大霊地として有名な川原毛地獄の風景（筆者撮影、2012）

また、上流の湧出地からの温水が滝となっており、滝壺を温泉として利用できる川原毛大湯滝や、日本三大霊地に数えられる川原毛地獄などもある（図5）。周辺の木地山高原近くには、あまり知られていないが、ミズゴケの浮島が面積の大半を占めている珍しい「苔沼」というものもある。交通アクセスに制限がある分、秘境としての魅力は高く、その雰囲気が観光客を惹きつけている。

2. 地熱を活かして

湯沢市は行政としても、このような地域の資源を活用する意識が高い。2015年には「地熱資源を有する各地方自治体の課題と"地熱の付加価値"について考える」機会として、独立行政法人 JOGMEC の協力のもと「全国地熱自治体サミット」を開催した。湯沢市がこのように地熱利用を掲げる背景には、市内で蓄積されてきた地熱利用の歴史がある。その代表的なものが〈上(うえ)の岱(たい)地熱発電所〉である。1994年3月から営業運転を開始した発電所だ。現在の出力は2万8,800kW、湯沢市初の地熱発電所で、その後の同市の山葵沢などにおける開発の先鞭をつけた事例である。

次節で詳しく扱うが、〈上の岱地熱発電所〉は、もともとは同和鉱業㈱と東北電力の共同調査をきっかけに開発された全国12番目の地熱発電所である（表1）。運転開始当初から2万7,500kWと、大型の設備であったが、1997年からは2万8,800kWに出力が変更されている。これだけ大規模な設備ではあるが、小型多セル型（図6）を採用することで、冷却塔の高さを抑制し、景観との調和を図っている。また、余熱水や発電所内の排水はすべて地下還元するクローズドシステムとして環境配慮を行っている。

また、1995年から日本で初めて、清水注入方式による「タービンスケール付着防止装置」を実用化した。火力発電所などではプラントの水処理が行われることがあるが、地熱発電用のタービン（回転式原動機）にも、蒸気に含まれるシリカなどが付着し、スケールとなって発電効率を低下させることが問題となってきた。この対策として、蒸気への清水注入は効果的にスケールを防止できる点で重要な技術である[注1]。

図6　小型多セル型の上の岱地熱発電所（提供：東北電力㈱）

表1 〈上の岱地熱発電所〉の概要

項目		内容
所在地		秋田県湯沢市高松字大日台
運転開始年月日		1994年3月
開発事業者		東北電力株式会社
建設時の環境配慮		小型多セル型・（排水をすべて地下還元する）クローズドシステムなど
運転状況	出力（発電端）	2万8,800kW
	方式	シングルフラッシュ方式
	稼働率	70％以上

3.〈上の岱地熱発電所〉と同和鉱業㈱

なお、開発事業者の同和鉱業㈱（現・DOWA ホールディングス）は、地下資源開発に歴史のある企業である。19 世紀後期創業の前身・藤田組当時から長年、銅や亜鉛の鉱山開発を行っており、地下資源の採掘事業を手掛けてきた。1945 年より同和鉱業株式会社となり、2006 年からは「DOWA ホールディングス」に改称している。地熱発電所は、もともとは秋田市の亜鉛精錬所への送電を念頭に着手されたものである（その後、以下で触れる通り亜鉛精錬所への送電はなされていない）。

地区での調査を開始したのは 1972 年である。当初は皆瀬村（現在の湯沢市）が中心となって、調査井を掘削し、有望な地熱資源を把握していたが、調査井からの噴出流体サンプリング・分析のほか、噴出量や周辺温泉のモニタリングなどを初期の段階から行っていた。1970 年代は開発事業への環境アセスメントの取り組みや仕組みづくりはまだ未成熟であったため、当時としては非常に先進的な取り組みであることが、地熱開発関係者の間でよく知られている（表 2）。

その後経済性の制約などから、亜鉛精錬所への送電は断念された。また、1972 年の環境庁と通産省（当時）の「（自然）公園内における地熱発電の開発は当面 6 地点とし、当分の間、新規の調査工事及び開発を推進しないものとする」との了解を受け、事業者が開発地として当初予定していた地点が「栗駒国

表 2　上の岱地熱発電所開発経緯年表

年	出来事
1972	湯沢市による調査開始地域社会、文化・伝統、福祉・安全・安心
1975	調査の主力を上の岱付近に移す
1981	湯沢市地熱開発促進協議会が発足
1986	秋田地熱エネルギー㈱設立
1989	東北電力と秋田地熱エネルギーが共同開発基本合意
1991	電源開発調整審議会承認
1992	建設工事着工
1994	営業運転開始
1997	許可出力変更（27.5 → 28.8MW）
2008	東北水力地熱㈱が秋田地熱エネルギー㈱蒸気供給事業を引き継ぎ
2015	（事業会社統合により）東北自然エネルギー㈱が東北水力地熱㈱より蒸気供給事業を引き継ぎ

図7 〈上の岱地熱発電所〉(筆者撮影、2012)

定公園」内にあったことから、1974年には調査の中心地を、公園外の上の岱周辺に移すことになった。

その後もNEDOの補助金を用いて調査は続けられ、1980年には上の岱地区で大口径調査井2本を掘削し噴気に成功した。1983年まで大口径調査井掘削は行われ、そこでも良好な結果を得ている。これら調査の結果、発電に十分な蒸気量が得られると判断され、調査開始から22年後の1994年に、ようやく〈上の岱地熱発電所〉が運転開始される(図7)。

なお、運転開始時には以下で触れる事業主体の「秋田地熱エネルギー株式会社」が蒸気供給、東北電力が発電を行う、という図式であったが、DOWAホールディングスの経営判断から、2008年からは秋田地熱エネルギー㈱から東北水力地熱㈱(現在は㈱東北自然エネルギー)へ資産譲渡され、蒸気供給事業が引き継がれている。

4. 開発の枠組み

なお、〈上の岱地熱発電所〉の開発過程で、「湯沢市地熱開発促進協議会」が発足(1981年)したことは非常に興味深い(図8)。この協議会は、地域住民や関係者を年1回総会に招き、進捗状況を報告するとともに、地域との交流を図るものであった。ちなみに、同協議会は民間の建設促進団体、応援組織であり、必ずしも近年3.1節2項で紹介する環境省のガイドラインでいう「協議会」

図８　近年の湯沢市地熱開発促進協議会総会の様子（提供：地熱技術開発㈱ 岩田峻氏）

とは性質が同じではないが、この年代に地熱発電に関して協議会を立ち上げたことは先進的である。

加えて興味深いのは、同和鉱業としても、噴気試験の結果を受けて1986年に「秋田地熱エネルギー㈱」という子会社を自発的に設立し、事業主体の明確化を図ったことだ。こうして発電事業の目途がついた段階（1989年）で、秋田地熱エネルギー㈱と東北電力の間で「上の岱共同開発基本協定」が結ばれることとなる。この協定では、環境保全、蒸気の供給などが定められている。

地熱に関しては、今でこそ、環境省のガイドラインに基づく形で「基本協定」を結び、「協議会」を立ち上げることが勧められている。実際、本書3.1節4項のとおり各地で協議会が立ち上がっているが、上の岱における協議会は、そのようなガイドラインもなかった時代に、業界主導とはいえ、自らその必要性を認識して設立を推し進められた、先進的な取り組みといえるだろう。これは、かねてから東北各地で地下開発事業を手掛け、さまざまな地域で、住民をはじめとする地域での信頼関係づくりの重要さを経験していた同和鉱業㈱だからこその、時代を先駆けた枠組みづくりであったともいえよう。

5. 地域との積み重ねが可能にする新規開発

なお同和鉱業㈱はその後も、地域との長期的な付き合いと関係性の積み重ねにも注力してきたとされている（環境省、2015）。自治体や温泉事業者との協定や協議はなくとも、1972年に調査を開始した時点から、旧皆瀬村に「小安地熱開発所」という事務所を開設し、常駐のスタッフのほか、技術者や事務職員として地域住民を雇用している。

また、〈上の岱地熱発電所〉の主な近隣の温泉である「小安峡温泉」や「泥湯温泉」の温泉事業者や地域住民からも、これまで反対意見が出たことはないという。小安峡温泉は開発地点から比較的距離があることが背景にあるが、泥湯温泉からも開発時から〈上の岱地熱発電所〉の建設に大きな懸念は示されず、調査・発電所建設に対しての反対運動も起こらなかった。むしろ地域の発展を促進するという意向が示されていたことが、〈上の岱地熱発電所〉開設を後押ししたと考えられる。

なお、本書2.4節2項で紹介した〈山葵沢地熱発電所（仮称）〉の開発地点も秋田県湯沢市に位置するように、湯沢市ではいくつか新たな地熱開発が検討されている。実際に、これら開発地点の住民は、新たな計画をどのように受け止めているのだろうか？　湯沢地区の山葵沢、木地山・下の岱、小安協議会に対して行ったあるヒアリング調査では、〈上の岱地熱発電所〉の開発時から、事業者が地域住民などに対して非常に誠実な対応をしていたため、新たな地熱開発を応援し、協力したいという立場が多くみられている（上松、2017）。

これらのことから、〈上の岱地熱発電所〉の存在は、地熱の社会受容性を紐解く一つのランドマークと捉えられる。協議会や協定のつくりかた、コミュニケーションのありかた、モニタリング結果の丁寧な共有などを通じた地域との信頼関係の醸成が見られ、その後の関係性においてもポジティブな影響が与えられていると思われる。

さらに考えるならば、誠実な対応とは具体的にどのようなものだろうか？　秋田地熱エネルギー㈱社長を務め、現在は地熱技術開発㈱調査役、秋田県湯沢市地熱開発アドバイザーである岩田峻氏によると、「まずは、足しげく近隣の温泉、地域住民を訪ね、温泉の歴史、豪雪の中での生活、地域の自然などを学び、世間話をしたりしながら次第に地域社会に融け込む努力を惜しまぬことが第一である。そうするうちに互いに打ち解けてわれわれの事業に対する疑問や、温泉湧出の異変など躊躇なく教えていただけるようになり、迅速かつ誠意ある対応が可能となる」とのことである。地域に腰を据えること、不安要素や疑問が生まれる度に丁寧にそれを解消し、信頼できる関係性をつくっていくことの重要性を、〈上の岱地熱発電所〉の事例が教えている。

注

注1　なお、当時、タービンへのシリカスケール防止には、海外では水を注入する方法（タービンウォッシュ）が一般的であり、この技術の理解に関係者が努めたことが導入の背景にある。

参考文献

・上松和樹（2017）「地熱資源開発の合意形成プロセスにおける協議会の役割と課題」東京工業大学大学院修士論文

・環境省（2015）「第5回 温泉資源保護に関するガイドライン（地熱発電関係）検討会」参考資料4（平成27年2月9日）
http://www.env.go.jp/nature/onsen/council/kadai/05kadai/sanko4.pdf

秋田県湯沢市

山葵沢地熱発電所計画：地熱開発における環境アセスメントの適用

錦澤滋雄

〈山葵沢地熱発電所（仮称）設置計画（以下、山葵沢地熱発電所計画）〉は、湯沢地熱㈱が秋田県湯沢市に出力4万2,000kWの地熱発電所を新設するもので、2019年の運転開始を予定している（図1）。

この事業は、後述する「環境影響評価法（以下、環境アセスメント法）」が地熱発電所として国内で初めて適用された事例である。本項では、この法律が地熱開発にどのように適用されたのかを見ていきたい。

1. グリーンジレンマと環境アセスメント

パリ協定の発効など気候変動への対応は、ますます緊急性が高くなっている。このため、地熱資源が豊富なわが国においては、地熱発電の導入拡大が期待されている。一方、成熟社会を迎えたわが国では、人々の生活環境の質的向上、自然環境・生物多様性の保全、あるいは文化的価値に対する要求も満たすことが求められる。待ったなしの気候変動対策と、生活・自然環境保全の推進、この両者のニーズが衝突して、反対運動や環境紛争という形で顕在化する現象は"グリーンジレンマ"と呼ばれている。ジレンマの解消には、地熱を含む再生可能エネルギーが経済面、環境面、社会面において持続可能であることが求められる。

本項で紹介する環境アセスメントは、開発事業において特に環境面の影響を

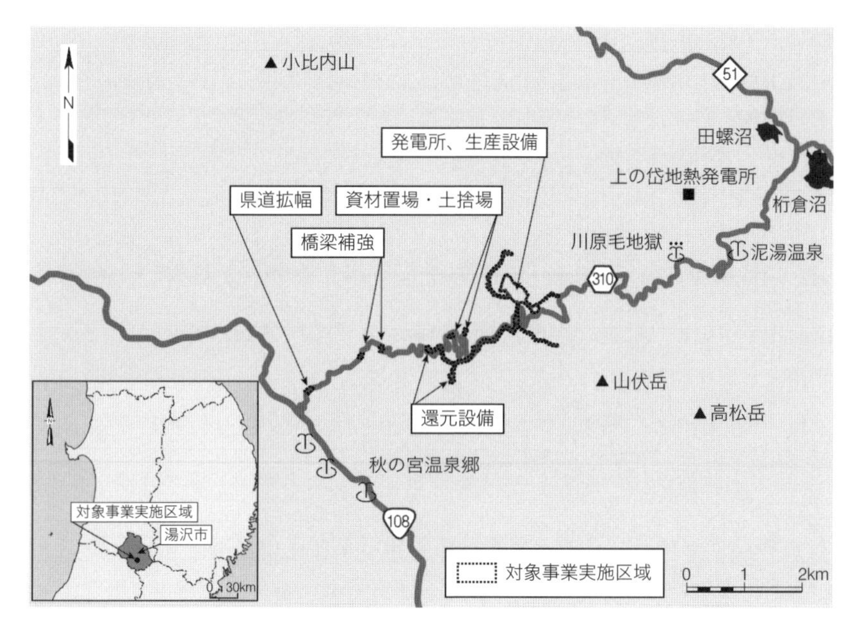

図１　山葵沢地熱発電所（仮称）の事業予定地（出典：湯沢地熱㈱、2014a）

回避･低減するための仕組みである。すなわち、「環境に著しい影響を及ぼすおそれがある事業について、その影響を事前に調査・予測・評価し、事業者の自主的な取り組みを促しながら環境配慮する」ものである。ここでいう仕組みとは、環境への影響を単に予測するだけではない。予測した影響を周辺住民などに広く“公開”し、関係者間のコミュニケーションを促すという点で、環境に関連するほかの規制法とは性格が異なっている。

例えば、環境アセスメントの手続きを所管する環境省、地元自治体、地域住民などの間で、情報が適切に共有されて、相互コミュニケーションが図られることで、事業者自らによって必要な環境保全対策が講じられることがある。このように“コミュニケーション”を重視する環境アセスメント制度は、再生可能エネルギーの導入に伴うジレンマを解決する手段として期待される。

実際、風力や太陽光発電などの開発事業では、地域住民などから苦情が寄せられることも少なくない。深刻な場合は環境紛争に至ることもある。地熱発電では、地元の温泉事業者を中心とした反対運動が起こるケースがあり、特に比較的規模が大きな地熱発電所の場合、温泉資源への影響について、地域住民や関係者が懸念を抱くことがある。

再生可能エネルギーの導入に際しては、これらの問題とどう折り合いをつけるかが問われる。環境配慮に加えて、苦情対応や紛争回避という視点も環境アセスメントに求められる重要な役割の一つなのだ。

2.〈山葵沢地熱発電所計画〉における環境アセスメント

秋田県湯沢市〈山葵沢地熱発電所計画〉は、冒頭でも触れたとおり、地熱発電所としては環境アセスメント法の初めての案件である。環境影響評価の手続きは2011年11月に開始されて2014年10月に完了、2019年の運転開始にむけて2018年現在、建設工事が進められている。

(1) 環境アセスメント法の変遷と地熱発電事業への適用状況

なお、現行の環境アセスメント法は、1997年に制定後、1999年に施行され、2011年に改正されて今日に至っている。2011年の法改正では、事業段階よりも早いタイミングで環境に配慮することをねらいとした「計画段階配慮書手続」と呼ばれる仕組みが導入された。〈山葵沢地熱発電所（仮称)〉の事業は、配慮書の仕組みが施行された2013年4月以前の案件であるため、「方法書（環境アセスメントの方法を取りまとめる文書)」の提出から手続きが開始されている。ちなみに2018年2月現在、環境アセスメント法の対象となった地熱発電所の事業は4件（手続き完了が2件：〈山葵沢地熱発電所（仮称)〉、〈大岳発電所〉更新計画、手続き中が2件：〈安比地熱発電所〉設置計画（仮称)、〈鬼首地熱発電所〉設備更新計画）と、まだそれほど多くはない。

(2) 環境アセスメントの手続き

環境アセスメント手続きは、図2のように進められる。山葵沢の事業の場合、方法書が2011年11月7日に経済産業大臣に提出され、その翌日が公告日となり、これをもって環境アセスメント手続きが開始されたことになる。

その後、方法書に書かれた内容に基づいて調査・予測・評価がなされ、それらの結果が準備書としてまとめられた（準備書は2014年3月公表)。方法書や準備書などの事業者が作成する「環境アセスメント図書」は（図3)、地域住民

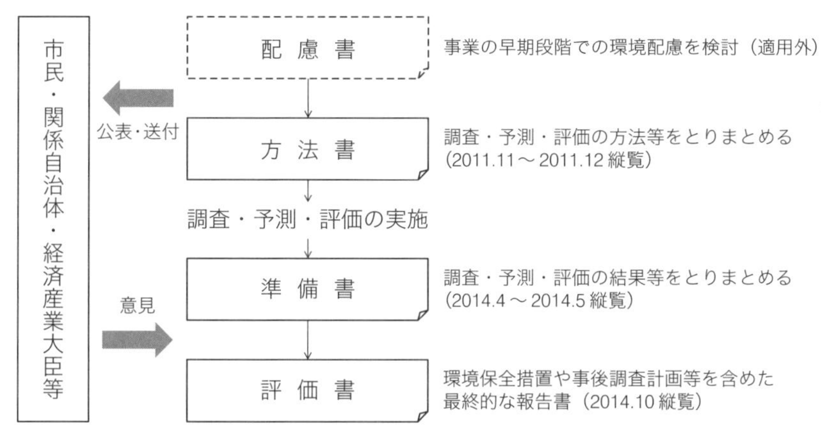

図 2　環境アセスメントの手続きフロー

図 3　環境アセスメント図書の例（上から方法書、準備書、評価書）

や関係者など、誰でも自由に閲覧できるよう公開される（縦覧）。さらに説明会の開催や環境大臣意見が提出され、2014 年 9 月に環境アセスメントの結果を取りまとめた最終的な報告書に相当する評価書が提出され、一カ月間の縦覧期間を経て手続きが完了した。

3. 事業の特徴に応じた評価の方法

地熱を含む再生可能エネルギー関連事業における環境アセスメントでは、

「大気環境」「水環境」「動植物や生態系」「景観」などが、評価項目として選定されることが一般的である。具体的な評価項目は、省令によって発電の種類ごとに参考となる項目が示されている(環境アセスメントに関する省令[注1])。例えば、火力発電所であれば、「大気環境」の細目に**硫黄酸化物**や**窒素酸化物**がある。これは、施設の稼働時に石炭・石油の燃焼によって発生する硫黄酸化物や窒素酸化物の排出量をチェックするためである。これらは通常の火力発電事業の環境アセスメントにおいて、評価項目として選定することが一般的であるとされ

表１　山葵沢地熱発電所（仮称）：環境アセスメントの評価項目

環境要素の区分＼影響要因の区分				工事の実施			土地又は工作物の存在及び供用				
				工事用資材等の搬出入	建設機械の稼働	造成等の施工による一時的な影響	地形改変及び施設の存在	施設の稼働：地熱流体の採取及び熱水の還元	施設の稼働：排ガス	施設の稼働：排水	廃棄物の発生
環境の自然的構成要素の良好な状態の保持を旨として調査、予測及び評価されるべき環境要素	大気環境	大気質	硫化水素						○		
			窒素酸化物	○							
			粉じん等	○							
		騒音	騒音	◎	×						
		振動	振動	◎	×						
	水環境	水質	水の汚れ								
			水の濁り			○					
		その他	温泉					○			
	その他の環境	地形・地質	重要な地形及び地質								
		地盤	地殻変動					○			
生物の多様性の確保及び自然環境の体系的保全を旨として調査、予測及び評価されるべき環境要素	動物		重要な種及び注目すべき生息地			○	○				
	植物		重要な種及び重要な群落			○	○				
	生態系		地域を特徴づける生態系			○	○				
人と自然との豊かな触れ合いの確保を旨として調査、予測及び評価されるべき環境要素	景観		主要な眺望点及び景観資源並びに主要な眺望景観				○				
	人と自然との触れ合いの活動の場		主要な人と自然との触れ合いの活動の場	○							
環境への負荷の量の程度により予測及び評価されるべき環境要素	廃棄物等		産業廃棄物			○					○
			残土			○					

注：　は、「発電所アセス省令」に記載のある参考項目であることを示す。
「○」は、参考項目のうち、環境影響評価の項目として選定した項目であることを示す。
「◎」は、参考項目以外に、環境影響評価の項目として選定した項目であることを示す。
「×」は、方法書以降の事業計画の見直しにより、選定しないこととした項目を示す。　（出典：湯沢地熱㈱、2014b）

ていて、当該汚染物質の地域への影響を評価するよう求めている。ただし、評価項目はあくまでも事業や地域の特性に応じて、個々の事例に応じて選定するものであり、その観点から「参考項目」と呼ばれる。

地熱発電の参考項目は、省令の別表中に示されている。例えば、「施設の稼働による硫化水素の排出」「工事用資材等の搬出入に伴う窒素酸化物」などが考慮すべき項目（参考項目）とされている。なかでも最大の特徴は、「水環境」の細目に「その他―温泉」という区分が設けられている点である。つまり、施設の稼働には、地熱流体（地表面に降った雨や雪が地下深部まで浸透し、高温の流体となったもの）の採取や熱水の地下還元が必要になるため、これらの影響を参考項目としている。

先に述べた通り、「参考項目」は評価項目として選定が義務づけられているものではない。地域特性や事業特性に応じて、その必要性を逐次判断する。表1に示した通り、山葵沢の事例では、環境アセスメントの評価項目として「大気質」には硫化水素、「水質」には水の濁り、ほかにも「動植物や生態系」「景観」などの項目に加えて、水環境の「その他」の区分に温泉が選定された。また、参考項目には選定されていない「工事資材などの搬出入に伴う騒音や振動」も選定されている。これは、資材の輸送経路周辺に存在する住居に配慮したものと考えられる。このように、省令で示されている標準的な評価項目に準拠しながらも、事業や地域の特性に応じて、実際の評価項目が選定されている。

4. 環境大臣意見・知事意見の内容

環境アセスメントでは、“コミュニケーション”が重視されることは先に述べたとおりである。以下では、〈山葵沢地熱発電所計画〉の事例において、どのような意見が出て、それに対する応答がなされたかを、具体的に見ていこう。

(1) 環境大臣の意見

図2に示したとおり、環境アセスメント法の対象事業では、方法書や準備書などの環境アセスメント図書に対して、経産大臣、環境大臣、関係自治体の長、市民が意見を提出する機会が設けられている。

環境大臣の意見については、地熱発電事業の場合は主務大臣である経産大臣を通じて、事業者に勧告が出される仕組みになっている。こうしたチェックを通じて、事業者によって実施される環境アセスメントの客観性や科学性が高まることが期待されている。

以下、環境大臣意見を具体的に見ていこう。環境大臣の意見は総論と各論の二つに分かれている。

1. 環境大臣の意見：総論

まず総論では、環境モニタリングを適切に実施すること、そのために必要となる環境保全措置を追加で講じること、とある。それらの具体化にあたっては、客観的かつ科学的に必要性・効果などを検討し、それらを公開することで透明性や客観性を確保することなどが述べられている。これらは環境アセスメントの要件である「科学性」と「民主性」についての言及と理解できる。

2. 環境大臣の意見：各論

一方、各論では、①生産井及び還元井の維持管理、②冷却塔から排出される硫化水素による影響対策、③温泉への影響対策、④冷却塔から排出される水蒸気による樹木への着氷影響対策、⑤植物の移植、⑥夜間の坑井掘削工事の照明による野生生物への影響対策、⑦工事用車両の通行に伴う騒音・振動による生活環境への影響対策、の７点が指摘されている。

このうち、②の冷却塔から排出される硫化水素の影響については、施設周辺の主要な樹種であるブナやミズナラへの配慮を求めている[注2]。

また、③温泉への影響対策については、温泉への影響が確認された場合には、温泉への影響を回避する適切な措置を講じること、そして、環境監視の結果を、地元温泉関係者などに情報提供するとともに、影響が確認された場合の対応について地元関係者と協議し認識共有を図ることが指摘されている。ここで「影響がある」と判断する基準が問題となるが、それについては明記されていない点については、今後の課題と捉えられる。

ちなみに日本国内では、地熱発電に伴う地熱流体の利用が温泉に影響した、という明確な因果関係が立証されたケースは報告されていない。浴用の温泉利用で、温泉の汲み過ぎが原因とされる地下水位の低下が起こり総量規制を行った結果、地下水位が回復したというケースはあるようだが、温泉間だけでなく地熱利用も含めたより広域で、相互の影響に関連があるかについては、詳細な知見が待たれるところだ。

3.「温泉」への影響予測・評価の方法

今回の〈山葵沢地熱発電所計画〉の事例では、温泉への影響は地熱系概念モデルの枠組みを用いた方法で予測・評価している。このモデルは、

⑴地表調査（地質調査、物理探査、地化学調査）
⑵総合解析（熱構造、貯留構造、地熱流体の性状・流動）
⑶坑井調査（坑井調査、噴気試験）

の三つの要素からなる。これらの結果に加えて、事業計画や現地調査、周辺温泉への影響予測、環境影響の回避・低減についての評価も含めて予測・評価を行う。

ここでは、予測や評価に関する技術的な詳細事項には立ち入らないが、本事例に関して言えば、既存温泉への影響を低減するため、生産井および還元井は共にキャップロックの下まで鋼管を挿入し、坑井壁との間をセメンチングするという環境保全措置が検討されている。すなわち、キャップロックの上部が温泉、下部が地熱流体となるよう技術的対策を講じることで、相互に干渉しないよう配慮する計画である（1.2節、図1参照）。

(2) 知事の意見

知事意見についても環境大臣意見と同様に経産大臣を通じて、事業者に勧告が出されることになっている。知事意見ではまず、検討時に候補案が複数ある場合には、そのいずれの内容も環境アセスメント図書に記入すること、既存坑井との複合的な環境影響についての調査・予測・評価を行うこと、動植物について誤同定（種名を間違えること）が生じやすい種が確認された場合の取り扱い、樹木の伐採はハチクマ（猛禽類に属する鳥類の一種）の営巣期間を外すこと、などについて意見が出されている。

温泉資源への指摘としては、既存坑井との複合的な環境影響について調査・予測・評価すること、とある。つまり、温泉資源への影響は、開発目的で掘削する前に十分検討する必要がある、という指摘だ。ここでいう既存坑井とは調査井を指すものと考えられる。「地質・地熱構造調査のための掘削」を目的とした調査井は、2013年6月の規制改革会議で、「温泉法第3条に基づく掘削許可が不要な掘削」として位置づけられており、許可なしに掘削できるとされる。総合的な影響を考慮して予測すべき、との意見は妥当な指摘と言えよう[注3]。

5. 手続きの公開と市民の意見

環境アセスメント手続きは、地元の関係団体や専門家などの意見のほかに、地域住民を含む市民から広く意見を募集する点に特徴がある。動植物、生態系や景観等に係る「環境保全の見地からの意見」であれば、だれでもどこからでも意見を述べることができる。

このため、手続きの各段階で情報が公開される。方法書や準備書などの図書であれば通常1カ月間公開され、一定期間意見を募集する。またその間には説明会が開催されたり、対面によるコミュニケーション機会が設けられたりする。2011年の法改正後では、環境アセスメント図書の公開期間中は、インターネットでも公開すること及び方法書段階での説明会の実施が義務付けられ、2012年4月より施行された。これまでの文書ベースと会議ベースの手段に加えて、インターネットベースでの情報交流手段が充実化された（図4）。

山葵沢地熱発電所では、公開期間が2011年11月8日〜同年12月7日方法書：閲覧者11名、)、2014年4月1日〜同年5月1日（準備書：閲覧者23名)、2014年10月1日〜同年10月31日（評価書：閲覧者数は不明）であった。主な縦覧場所は市役所などの自治体関連施設、事業者の事務所、先に述べたインタ

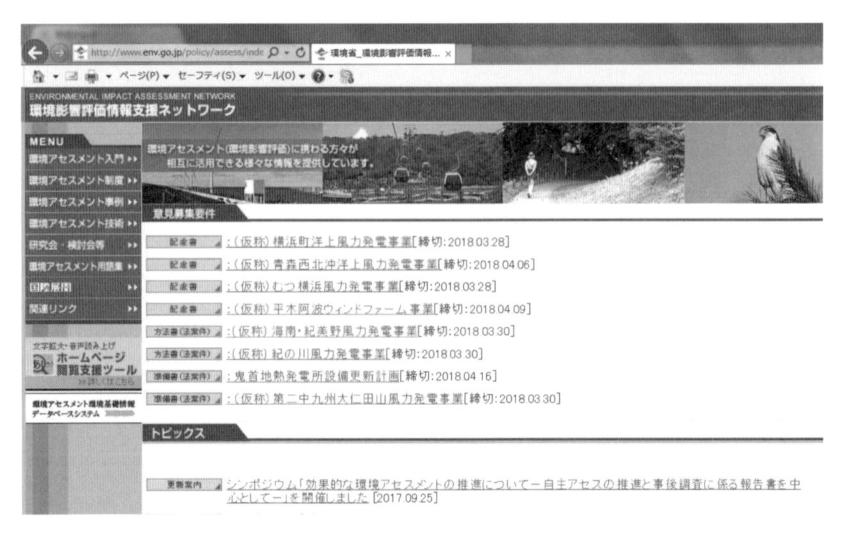

図4　インターネットによる環境アセスメント情報の掲載〜環境省・環境影響評価支援ネットワークのWebsite〜

ーネットへの掲載（準備書アクセス数3,688回、方法書アクセス数は不明）だ。

また、説明会が2011年11月25日（方法書：来場者15名）、2014年4月16日（準備書：来場者25名）で各1回開催された。方法書の説明会は、法改正の施行前ではあったが、方法書の記載事項を周知するため事業者が自主的に開催したものである。さらに、2011年11月8日～同年12月21日（方法書）、2014年4月1日～同年5月15日（準備書）の期間に市民からの意見の募集が行われた。その結果、方法書段階での意見はなく、準備書段階の意見は5通（意見総数14件）であった。

準備書段階で寄せられた14件の主な意見内容は、発電規模の根拠、植栽による緑化の具体的内容、送電線が眺望景観に及ぼす影響、冬期間の除排雪のための雪押し場の確保状況、県道除雪による雪崩の危険性などである。

このように意見内容は多岐にわたるが、そもそも環境アセスメント法では、市民意見は「環境保全の見地からの意見」について募集することになっている。つまり、環境アセスメント法上は事業自体への反対意見などは意見とはみなされないのだ。このため、今回の意見のうち除排雪に関する意見などを含む3件については、意見には該当しないと見なされているものの、事業者としての見解は示されている。例えば、除排雪に伴う雪押し場については、「発電所構内等に必要に応じて確保する計画」である旨、回答している。このように、文書でのやりとりとなるため、十分な合意形成が図られるとまでは言えないが、環境アセスメントを通じて事業者と地域とのコミュニケーション機会が生まれる点は重要だ。

では、環境保全であればどんな意見も議論の対象になるのかというと、残念ながらそうとは言えない部分もある。例えば、送電線が及ぼす眺望景観への影響は、地域住民としても気になるところだろう。しかし、わが国の環境アセスメント法では、発電所の付帯設備である送電線や変電所などは環境アセスメントの対象となっていないのである。実際に山葵沢の事業者見解においても、そのように説明されている。ただし、先に述べた通り、環境アセスメントは事業者の自主的環境配慮を促す意味があることから、法の対象外であることを理由に、環境配慮が不要との結論を導くことは適切とは言えない。事実、欧米諸国では、送電線などの発電所付帯設備が環境アセスメントの対象に含まれていることが一般的である。このため、日本でも付帯設備に関する評価をどうするかについて、今後の制度改善が求められる。

今後、地熱発電開発を適切かつ円滑に進めていくためには、社会的な合意形成が重要になることは環境アセスメントに限った話ではない。2017年10月に改訂された「温泉資源の保護に関するガイドライン（地熱発電関係）」においても、関連する事項が加筆された。本ガイドラインでは、協議会を活用した合意形成について紹介されているが、この点については、本書の3.2節3項を参照してほしい。

6. 今後の課題

最後に地熱開発における環境アセスメントの課題について述べておこう。

第一には、温泉への影響についての不確実性がいまだ払しょくできない点である。現在の技術では、地下構造や資源量の把握、将来的な増掘の可能性を含む事業計画の確定などに制約があるため、正確な予測・評価が難しい。とりわけ、温泉帯水層と地熱貯留層を一体として影響評価することが重要となるが、地下構造のより詳細な把握が求められるなど調査・予測が広範・複雑化するため容易ではない。そこで、事前に発電事業者と温泉事業者の二者間、あるいは地元自治体を含む三者間で協定を締結し、温泉水の湯量や泉質のモニタリングに基づいて、問題が生じた場合の対応方法を取り決めておく、というケースが見られる。

第二に、小規模な地熱開発に伴う問題がある。本項では環境アセスメント法対象事業となる“大規模な”発電施設の問題を中心に取り上げたが、法律の対象外となる7,500kW未満の小規模な発電事業については、関連する条例を持つ別府市など一部の自治体を除き、十分な環境配慮がなされないおそれがある。新規の掘削を伴わない「温泉発電」でも、近隣住民から騒音の苦情が出る場合がある。このため、小規模な開発であっても、対策の枠組みは必要だろう。将来的にはアメリカで採用されているような「簡易アセスメント」を制度化するという方向もあるだろう。とはいえ、さしあたっての現実的な対応としては、例えば事業者の自主的な申し出に基づいて、環境アセスメントを適用できるような規定を環境アセスメントの条例の中に設けておくことも一案だ。

第三に、環境アセスメント手続きの迅速化の問題がある。先に課題として挙げた不確実性の解明を待っていると、手続き期間が長期化するだけでなく、地熱開発事業自体が進まなくなるおそれがある。一般的に地熱開発は、地表・掘削調査から、探査、環境アセスメント手続き、発電施設設置を含めて10年以上かかると言われる。現在、この開発期間を少しでも短縮すべく、環境アセスメントの手続き期間において、審査期間の短縮化や前倒し調査が行われている。山葵沢の場合でも、通常5年ほどかかるとされてきた環境アセスメント手続き期間が約3年だったことからも、政府の政策としての短縮化が図られたと考えられる。

今後は、環境省により進められている環境関連の基礎情報データベースの構築などにより、地域合意に基づく円滑な事業推進事例が増えていくことが期待される。

注

注1　正式省令名は「発電所の設置又は変更の工事の事業に係る計画段階配慮事項の選定並びに当該計画段階配慮事項に係る調査、予測及び評価の手法に関する指針、環境影響評価の項目並びに当該項目に係る調査、予測及び評価を合理的に行うための手法を選定するための指針並びに環境の保全のための措置に関する指針等を定める省令」。

注2　なお、硫化水素の拡散予測は、「発電所に係る環境影響評価の手引き」（経済産業省）により風洞実験による検証が求められているが、国内では実験施設が限られていること、多額のコストを要するなど課題が指摘されている（鈴木、2015）。このため、現時点では確度の高い予測・評価が困難だが、過去の知見によると0.05ppmで一定期間接触させることで障害兆候が発現したという実験結果があるといわれている。環境監視による樹木の葉の変色や斑文の発現状況を確認し、必要に応じて適切な対策を取ることが環境大臣意見として指摘されている。

注3　ただし、生産井へ転用する調査井の場合は、事前の掘削許可が必要とされている。

参考文献

・湯沢地熱株式会社（2014a）「山葵沢地熱発電所(仮称)設置計画　環境影響評価書のあらまし」

・湯沢地熱株式会社（2014b）「山葵沢地熱発電所(仮称)設置計画　環境影響評価書」(2014年10月閲覧)
http://yuzawa-geothermal.com/

・環境省（2017）「温泉資源の保護に関するガイドライン（地熱発電関係）」
https://www.env.go.jp/nature/onsen/docs/chinetsu_guidekaiseitei.pdf

・鈴木聡（2015）「地熱発電施設の環境アセスメント ～現状と課題～」『JEAS NEWS』No.146、p6-7

・環境省「環境影響評価情報支援ネットワーク」（2017年11月10日閲覧）
http://www.env.go.jp/policy/assess/index.php

・環境省（2014）「山葵沢地熱発電所（仮称）設置計画に係る環境影響評価準備書に対する環境大臣意見の提出について」（2017年11月10日閲覧）
http://www.env.go.jp/press/press.php?serial=18472

2.5

事例編Ⅲ：自治体が主導する大型開発

地域の人々、事業者だけでなく、自治体そのものがエネルギー生産に関わる動きがある。エネルギーの地産地消を促進し、域内の人々の生活に資するうえで、自治体のイニシアチブは非常に重要である。住民からの信頼と関係を基に、公益的な地熱事業を展開しようとする日本各地の自治体の動きをまとめた。

東京都八丈町

八丈島地熱発電所：地熱利用により加速する島の持続可能性

柴田裕希

1. 八丈島における地熱開発の経緯

東京から南に約290km、八丈島は伊豆諸島のほかの島と同様、富士火山帯に属し、富士箱根伊豆国立公園を構成する。八丈富士と呼ばれる西山（標高854.3m）と、三原山と呼ばれる東山（標高700.9m）の二つの火山が接合するかたちで形成されている。島の行政区分は東京都八丈町だ。主な産業は農業、漁業に加えて、暖流の影響で温暖な気候であることからマリンスポーツや温泉などの観光産業が盛んで、人口約7,500人の島に年間8万人程度の観光客が訪れている。

1984年、この島で地熱の開発が始まる。東京電力によって文献調査、地質調

表1 〈八丈島地熱発電所〉の概要

項目		内容
所在地		東京都八丈島八丈町中之郷2872
運転開始年月日		1999年3月25日
開発事業者		東京電力株式会社
建設時の環境配慮		島全体を対象とした自然環境基礎調査の実施。環境影響評価の結果、造成地の最小化、工作物の高さ規制等の環境保全策を実施。
運転状況	認可出力	3,300kW
	最大電力	2,491kW
	方式	シングルフラッシュ方式
	稼働率	76.4％（2010年度：環境省より）

図1 〈八丈島地熱発電所〉

査、および物理探査が実施され、島南部の東山南麓地域が有望地域として浮かび上がった。その後、八丈町からの働きかけもあり、1989年から1991年にかけてNEDOが地熱開発促進調査を行った。調査井の掘削で、東山南部に300℃以上の高温地熱資源が存在することが確認された。この地熱開発促進調査の結果を受けて、1992～1995年にかけて地点選定、設計、造成、掘削噴気など各種開発調査が実施される。1996～1998年には島の東山南麓に位置する中之郷地域（富士箱根伊豆国立公園普通地域内）を開発地点として、〈八丈島地熱発電所〉が建設された。1999年3月、認可出力3,300kWの地熱発電所が運転を開始した。東京電力では初の地熱発電所である（表1、図1）。

2. 住民の暮らしと島の自然を尊重した開発

〈八丈島地熱発電所〉にはもともと島の行政・住民も期待を抱いていたが、実際の建設事業は慎重に行われた。

(1) 開発事業者の丁寧な説明

開発事業者は、事前に島の関係者の理解を促すため、例えば、当時すでに安定して運転を行っていた九州電力管内の〈八丁原（はっちょうばる）地熱発電所〉を視察し、島内で住民説明会を開催する、地域紙を通じて広報する、などといった取り組みを積極的に行ったのである。

(2) 自然環境や景観を守りながらの開発

また、環境アセスメントの対象事業ではないものの、島特有の豊かな自然環境に対しても慎重な配慮が求められた。そのための自然環境基礎調査では、島全域を対象に重要地形分布、現存植生、希少種の植物群落、注目される景観地などの自然環境資源に関する調査が行われた。また、環境アセスメント（環境影響評価）として、建設地の現況調査と影響の予測評価、保全措置の検討も実施した。具体的には、自然公園内の土地造成を最小限にするために、当時すでに掘削済みであった3本の調査井を利用して発電所を設置することや、景観を保全するために、すべての工作物を高さ13m以下に収め、居住区や道路から見えないよう配慮することなどである。

(3) 島の産業に熱で貢献する

さらに当時の地熱開発として先進的だったのが、熱のカスケード利用だ。発電後の蒸気を復水器で凝縮させ、40℃前後の温水をつくって熱交換することで、併設する温室団地へ無償の冬季暖房熱源として供給するシステムが設計されたのだ。残念ながら2018年2月現在、このシステムは停止中だが、稼働時は10軒を超える農家がこの温水を利用していた。一般的に、温室栽培などの加温には石油が利用されるが、地熱のカスケード利用による温室団地では石油暖房機にかかる光熱費を削減することができる。また、農林水産省の補助事業で整備された「えこ・あぐりまーと」という観光用温室によって、島の観光資源の一つである農産品（ドラゴンフルーツやパッションフルーツなど）の生産が可能になり、島の産業振興に寄与した。来島者に人気を博していることから、地熱資源を現金収入に変換する手段としても意味がある。

(4) 温泉の湧出をはじめとする地熱観光

加えて、八丈島における地熱開発は、それまで島になかった“温泉”資源をもたらした。というのも、東京電力は八丈町から発電事業だけでなく、温泉開発の要請も受けていたためである。そこで、1992年度からの3年間で5本の温泉井の開発が行われている[注1]。ここで湧いた温泉は、住民や来島観光者が利用する町の浴用温泉施設などで広く利用されるようになった。現在でも、四つの町営施設での年間利用者数が合計15万人を超える水準で推移しており、八丈島では“地熱”が“温泉を呼んだ”ことが住民にもよく知られることとなる。

さらに、地熱発電所に併設して「八丈島地熱館(地熱PR施設)」も建設された。八丈島にある火山の成り立ちや島の地質学的特徴から、地熱発電の仕組みについて学ぶことができる学習施設として、来島者の観光スポットの一つとなっている。

〈八丈島地熱発電所〉の開発事例は、東京電力などの事業者が積極的に地域貢献策を実施した、という形式的なものではない。開発前段階から町と事業者が密に連携し、地域への具体的なメリットを住民へ提示し、不安を取り除くためのコミュニケーションを深めたことが、住民の地熱開発に対する理解につながっていると言えよう。

3. 化石燃料に頼らない“クリーンアイランド”へ

一般的にも“島”にとって、独立電源の確保は死活問題だ。八丈島でも、これまでは電力の多くを本州から輸送した重油の燃焼で得ていた。しかし、二酸化炭素排出に加えて、災害時などは重油の輸送ルートが寸断されるリスク、将来的な重油の価格上昇などのリスクがあることは否定できない。

だが地熱発電所の運転が開始してからは、地熱発電が島内電源の約25%を賄うことになった。今や、ベースロード電源として一定の電力需要を支えるという大きな役割を担っている。運転開始後の稼働率は80%前後と他の再生可能エネルギーにに比べて高い。ただし、残りの負荷変動分電力は、島の中央部に位置するディーゼルエンジンを用いた内燃力発電所(6ユニット合計認可出力:1万4,100kW)によって賄っているため、地熱をもっと利用したいという意見がある[注2]。

実際に八丈町では、東日本大震災の発生前から地熱開発の準備が進められ、2011年3月に策定された「八丈町基本構想・基本計画（前期基本計画）」において、施策の大綱の一つを“クリーンアイランドを目指す町”と位置付けている。化石燃料に頼ってきたこれまでのエネルギー受給構造は、根本的な転換を要する差し迫った課題であるとし、地熱を含む「再生可能なエネルギーの利用を、今後も他地域に先駆けて推進することが必要」との方向性を示した。

また八丈町は2012年の1年間、東京都と連携して、地熱発電拡大による事

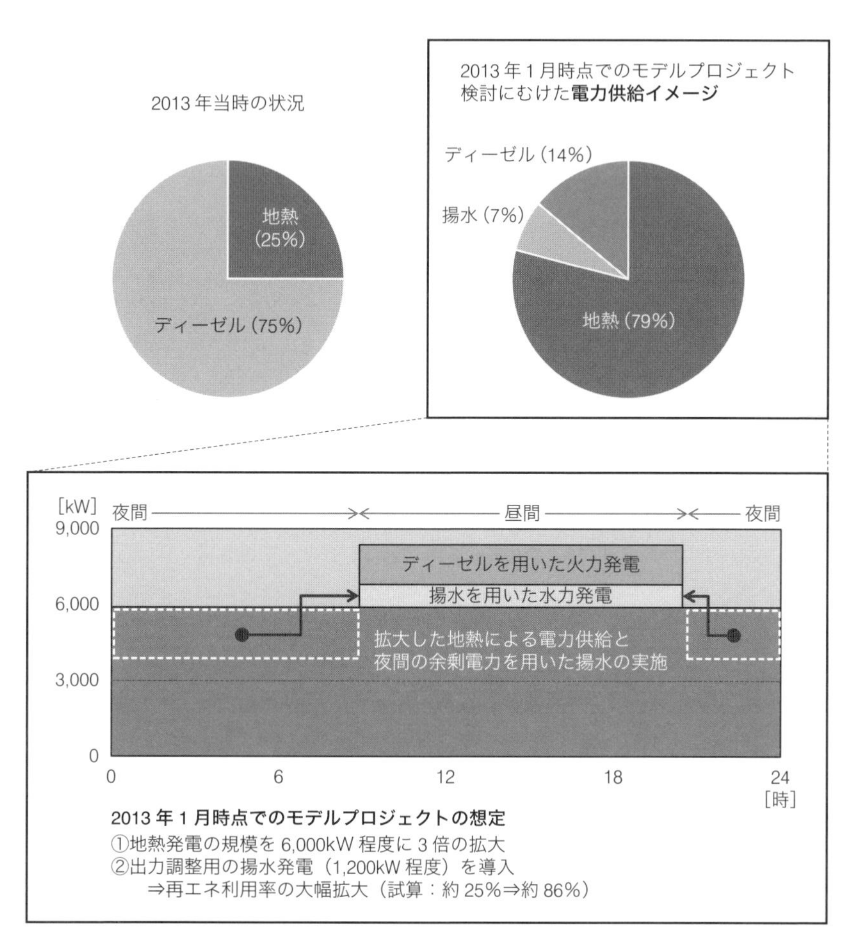

図2　2013年1月に東京都と八丈町が発表したモデル・プロジェクトのイメージ（出典：東京都環境局・八丈町（2013）をもとに作成）

業効果の地元還元策と関連事業の創出について検討を始めた。この過程では、複数回の町内勉強会や高校生を対象にしたワークショップ、女性座談会など、住民意見の収集の取り組みを進めている。次いで2013年1月には、八丈島が地熱発電などの再生可能エネルギーを大幅に拡大利用するためのモデルプロジェクトを検討することが発表された[注3]。また、図2にあるように、地熱発電の出力を3倍近い6,000kWに拡大し、夜間の余剰揚水発電にも地熱発電を用いるモデルプロジェクトが提案され、画期的な発表として注目を集めることとなった。

4. 島民はどう思っているのだろう？

これらの取り組みと同時に、八丈町では東京都や大学の研究機関と協力して、住民の意向を把握するために再生可能エネルギーに関する町民アンケートを実施した（八丈町、東京都環境局ほか、2013）。このアンケート（島内4,643世帯中917世帯が回答）では、回答者の9割近く（89.6%）がエネルギー政策に関心がある、またはある程度関心があると回答し、9割以上（94.2%）が八丈町で再生可能エネルギーを導入していくことに前向きな回答をしている。

さらに特筆すべきは、八丈島で再生可能エネルギーを利用した地域活性化に資する取り組みがあった場合、その取り組みへの出資意向を尋ねる質問において、回答者の4分の1近く（24.0%）が「利益がなくても出資金が回収できるならば、参加したい」と回答したことだ。

八丈島の住民からは地熱発電に対する高い支持と、開発拡大に住民自らが直接関わることにも、一定の賛同が得られていることがわかる。

5. 制度化の土台となった島民の信頼

その後八丈町では、2013年の12月に「八丈町地域再生可能エネルギー基本条例」を策定し、「八丈町再生可能エネルギー事業に関するガイドライン」を制定した。この条例とガイドラインでは、町の基本構想に掲げる“クリーンアイランド”の実現を目指し、地域再生可能エネルギーの活用に際して、以下の5点を基本理念として掲げている。

・地域経済及び持続性に配慮する
・地域に根ざした主体の形成に努め、地域の受益を実現する
・自然環境の持続性に配慮する
・地域内の公平性や影響に配慮し、十分な合意形成のもとに行う
・地域社会の発展に向け、相互に協力してその活用に努める

理念を実現するためは、具体的な施策が必要だ。以下のように、責任の所在やコミュニケーション手続きなどが明確化されることが決まった。

・町への事前説明・調整手順の明確化と、町との協定締結の義務化
・早期段階での住民参加および利害関係者との事前協議の義務化
・建設に当たっての事業者責任の明確化
・地域利益として優先すべき事項の明確化
・地域再生可能エネルギー導入審査会による事前承認の義務化

このように、地熱発電拡大に向けた制度的な整備が進められると同時に、都と連携したモデル・プロジェクト「八丈島再生可能エネルギー利用拡大検討委員会」でも、住民参加型のプロセスが具体的なプロジェクト要件として検討されている。

行政だけではない。2014年には、八丈町商工会やNPO法人八丈島産業育成会を中心として、経産省の「地熱開発理解促進関連事業支援補助金」にも採択された「八丈島地熱発電利用拡大検討協議会」が活動を開始した。小規模勉強会に加え、多くの住民を巻き込んだ大規模勉強会、高校生を巻き込んだワークショップなど、積極的なアウトリーチ（地域への普及活動）が実施されている。同時に、既存地熱発電所で課題とされていた硫化水素の臭気問題についても、定量的な把握と住民感覚の関連性に関する調査が行われ、さらなる地熱のカスケード利用による地域振興事業の検討が行われた。

6. 島のエネルギー自立に向けて：新事業の創出

東京都や島内の民間主体、住民など島全体を巻き込んだこれら二つの議論は、

「八丈島地熱利用発電事業」として、実際の事業化に向けて動き始める。2015年に八丈町は、地熱発電の利用拡大を担う事業者を公募する要項案をまとめ、住民に意見を募集した。臭気対策の明確化や地域に貢献する仕組みを明確にするべきとの住民意見を反映した事業者公募要項により、2016年、プロポーザル方式により新たな地熱発電事業者を公募。8件の応募があり、オリックス㈱が選定された。なお、事業実施には、地域とともに事業を発展させていくための条件がある。町と協議のうえ地域の意見を広く吸収し反映させていく仕組みを構築することだ。選定された事業計画は既存の地熱発電所と同じ開発地点で、開発は最小限に抑えられた。発電出力としては4,444kW（発電端出力）のシングルフラッシュ方式を見込んでいる。また、課題となっていた硫化水素による臭気問題については、全量地下還元の方式での解決を行い、2022年の運転開始を見込んでいる。毎時42.8℃／1,000tの熱供給が可能なため、ここでも熱のカスケード利用の実現が期待されている。2017年3月には、八丈町とオリックス㈱の間で協定が締結され、事業の詳細に向けて具体的な検討が進められていく見込みだ。

島のエネルギー自立は進むか。住民の理解と合意のもと、島全体で取り組む八丈町の“クリーンアイランド”の実現に向けた取り組みが、持続可能な地熱利用として成功し、全国のモデルになることが期待されている。

注

注1　1992～1995年度の温泉井開発
これ以降、東電設計株式会社へ委託するかたちで、八丈町は温泉の揚湯ポンプや井戸の維持管理について技術的な協力を受けている。

注2　地熱利用へのさまざまな意見
地熱発電所に隣接する居住区において、一部で硫化水素の臭気による問題が発生したこともある。

注3　モデル・プロジェクトの発表
この発表では、モデル・プロジェクトとして地元関係者や学識経験者を交えた検討委員会を立ち上げ、自然エネルギーを最大限活用して島のエネルギー自給率を高める全国的なモデルを創出することが目標として掲げられ、同時に観光振興などを通じて地元への利益還元を検討するとされた。

参考文献

・松山一夫・武田康人・下田昌宏・高村光一・小野高志（2011）「八丈島における地熱開発および利用について」『地質ニュース』665号、pp.28-35

・東京都環境局・八丈町（2013）「八丈島における地熱発電の大幅拡大に向けて検討を開始します！」東京都プレスリリース

http://www.town.hachijo.tokyo.jp/topics/H250104press.pdf

・八丈町・東京都環境局・特定非営利法人八丈島産業育成会・東京大学先端科学技術研究センター特任准教授飯田研究室・名古屋大学大学院環境学研究科准教授丸山研究室（2013）「再生可能エネルギー等に関する町民アンケート調査」

http://www.town.hachijo.tokyo.jp/kakuka/kikaku_zaisei/re/Questionnaire.pdf

2.5 事例編Ⅲ：自治体が主導する大型開発

富山県立山町　大分県九重町　北海道壮瞥町

自治体が地域とともに創る地熱発電

諏訪亜紀

1. 自治体による地熱開発

2.4節では、企業が主体となった地熱開発の事例を見てきた。2.5節では八丈島の事例で紹介したように、地域密着のエネルギー資源を、地域自らが開発し、域内の電源として有効に利用しようという取り組みに注目している。本項では、地方自治体が主体となって地熱開発を行う三つの動きを紹介する。

今回取り上げるのは、富山県立山町と大分県玖珠郡九重町、および北海道壮瞥町である。地方自治体による地熱開発においては、事業としてエネルギーの公益性をいかに担保し、自治体による「地域再エネ事業」として地域密着型コミュニケーションを実現させるかが主眼となる。特に、計画の途上で、各自治体の地域のエネルギー資源開発の経験から、地元関係者とどのような合意形成を図ったのか、求められるコミュニケーションとはどのようなものなのか考える。

2. 地域エネルギーの公益性

そもそも、地熱資源は地域の資源である。そこから得られる便益および利益がその地域に留まり、還元される仕組みをつくり上げることは、「エネルギー自治」実現の観点からも、必要不可欠な視点であると言える。特にわが国の地方自治体は、電源開発の点において長く地域資源を利活用してきた歴史があり、決してエネルギー自治の土台がないわけではない。例えば戦前の日本では、ドイツなどにおけるシュタットベルケ（Statewerke）という事業形態をモデルとしたエネルギー開発が地方都市を中心に行われてきた。なお、シュタットベルケとは、19世紀後半以降、水道・交通やガス・電気事業などのインフラ整備・運営を行うために発達した事業体のことであり、ドイツ全体で900程度以上存在する（松井、2013）。オーストリアやスイスでも同様の組織があり、市民生活に密着した存在となっている。

わが国の電力会社は、戦時下に9電力体制に統合されたため、地域のエネルギー事業である「公営事業」が大幅に縮小した経緯がある。また、公営事業自体も、長らく経営の効率化や収支構造の見直しなどが課題であった（なお、公営企業とは、都道府県や市町村が経営する現業のうち、地方公営企業法の適用を受け、都道府県および市町村が特別会計による独立採算を担保しながら経営するいわゆる「役所内企業」で、主に交通・電気・ガス・上下水道・病院事業を行うことが多い（遠藤、2013））。

しかし近年、再生可能エネルギー促進と電力自由化という大きな構造転換のなかで、公益的な電力事業という新たな可能性に、自治体の関心も高まっており、各地で公益性の高いエネルギー事業体が新たに設立される傾向がある（諸富、2016）。自治体とエネルギーの関わりに注目が集まりつつあるなか、長年の知見やネットワーク、信頼を蓄積する地方自治体を中心として新たなエネルギー開発が行われつつあるのが富山県立山町と大分県九重町である。一方、長らく地域の温泉事業を監督してきた立場を基にエネルギー開発を行おうとしているのが、北海道壮瞥町だ。

3. 富山県：公営事業としての地熱調査

これまで富山県では、水力発電・河川治水・総合開発・県営ダム建設、運営などが公共・公営事業として行われてきた。加えて2014年より、RPS法や固定価格買取制度（FIT）など、国の再生可能エネルギー政策にも配慮しながら、「富山県再生可能エネルギービジョン」を掲げてきた。

県内での再生可能エネルギー開発では、水力発電開発や農業用水利用などを

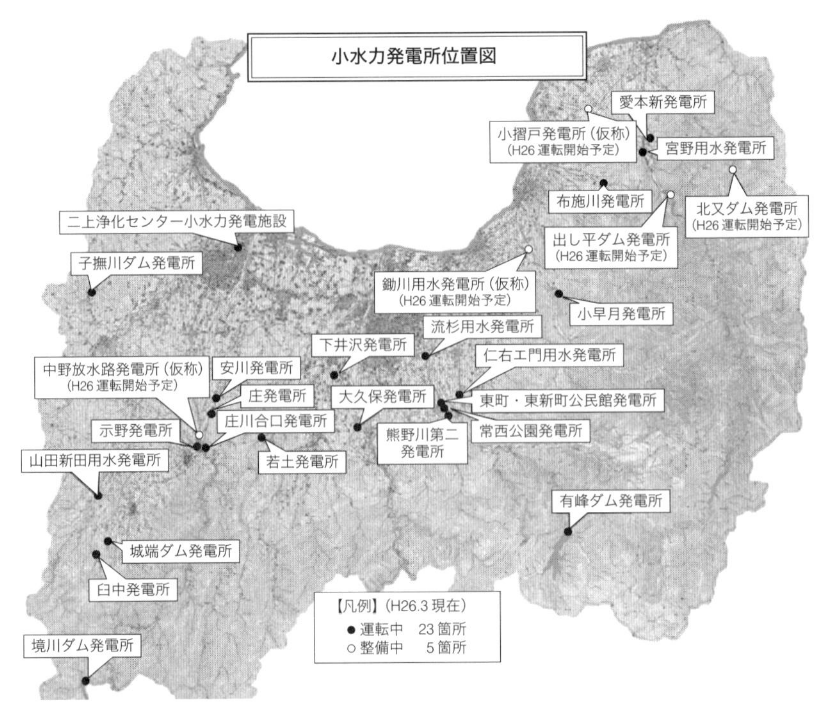

図 1　富山県の小水力発電（出典：富山県、2014）

通じ、土地改良区や民間の水力発電への先鞭をつける役割を担ってきた。小水力発電開発（図 1）においても地熱発電開発と同様に、地域資源を活用することから、関係者の理解と合意を得ることが非常に重要であり、地域の人々の理解を得る努力を長年培ってきた経緯がある。

(1) 富山県企業局による地熱調査手続き

一方水力発電に比べ、近年まで地熱開発への注目度あまり高くはなかった。もともと富山県では、環境省による 2010（平成 22）年度の再生可能エネルギー導入ポテンシャル調査において“発電開発可能性のある 150℃ 以上の熱水資源”が、北海道の約 260 万 kW に次ぐ約 98 万 kW と、日本で第 2 位の資源量であると報告されているが、開発有望地点の多くは国立公園内に位置し、国立研究開発法人新エネルギー・産業技術総合開発機構（NEDO）や独立行政法人石油天然ガス・金属鉱物資源機構（JOGMEC）による地熱資源の調査が実施され

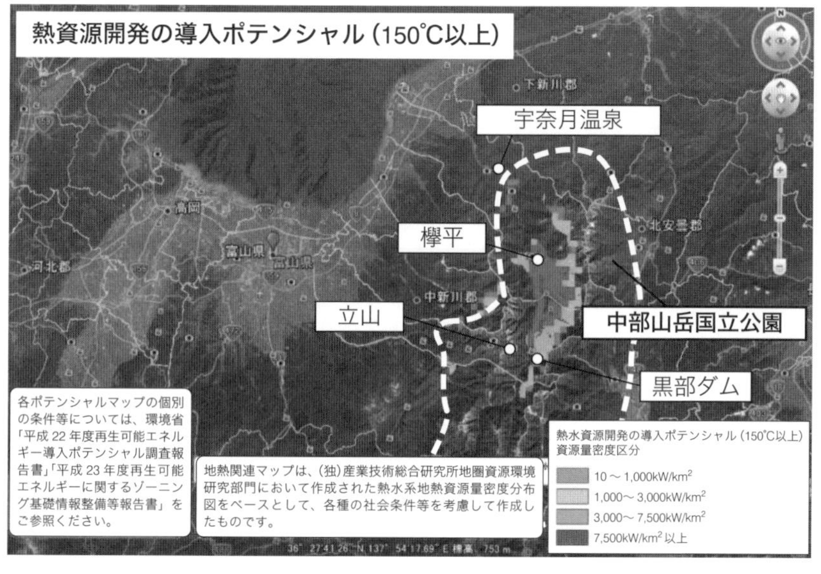

図2　富山県の地熱ポテンシャル（出典：富山県企業局、2016）

ていなかったことから、民間資金によって実際の開発が検討されることは少なかったようである。

そのようななか、〈富山県企業局〉（以下、県企業局）2015年度から県内の地熱開発を検討し、2016年度には経産省の補助金（JOGMECが交付）を活用して、開発有望地であった立山温泉地域で地表調査を開始した。富山県内の高い地熱ポテンシャルは県民にも一般的に共有され、地熱発電に対してひろい関心がみられることとなった（図2）。

2017年度以降には当該地域での掘削調査を予定している。調査地点は中部山岳国立公園内であり、2015年に環境省により「自然公園内での開発規制の緩和」が図られたことを踏まえた計画の一つである。地熱関連の開発において、自然公園で一定規模の事業を行うためには、データの確保、費用負担、各種調整などが必要であるなか、公営事業の蓄積のある県が主体となって計画が進められていることが特徴的である。

(2) 富山県と地域住民のコミュニケーション

規制緩和によって一定の開発が認められるようになったとはいえ、自然公園内の開発にあたっては、自然保護団体など地域の関係者への丁寧なコミュニケーションが求められる。県企業局では、2015（平成27）年の環境省通知「国立・国定公園内における地熱開発の取り扱いについて」および「同通知の解説（翌年6月）」を参考に、関係各団体への調整を行っている。関係各団体との調整は、主に協議会の設置と、協議会に対する説明会などの活動に集約されるが、地域関係者の協力を得ながら、関係する人々の範囲を一つひとつ確認し、相談しながら理解を広げている。例えば、関係する人々やネットワークを人づてに確認し、コンタクトを取り、紹介を受けながら説明を重ねるような非常に地道なコミュニケーションを重ね、地域に根差した信頼を確保することが重要であると認識されている。

富山県による地熱開発はあくまでも初期段階である（2018年2月執筆時点）。だが、エネルギーの公益性について長年の蓄積を有する自治体による地域資源の開発と、その開発に際して地域密着型のコミュニケーションが行われていることに注目したい。

4. 大分県玖珠郡九重町：自治体と電力会社の緊密な連携体制

(1)〈八丁原発電所〉と〈菅原バイナリー発電所〉

大分県玖珠郡九重町と地熱の関わりは長い。1967年、九州電力が大分県玖珠郡九重町で〈大岳発電所〉の運転を開始して以降、271km²の九重町に三つの大型地熱発電所が運営されている。なかでも〈八丁原（はっちょうばる）発電所〉は、国内最大規模の110MWを誇っており、地熱発電のアイコン的存在となっている。

九州電力全体としてはすでに5地点（〈大岳発電所〉〈八丁原発電所〉〈山川発電所〉〈浦上発電所〉〈大霧発電所〉）で地熱発電所を運営しているなか、新たな開発計画が持ち上がったのは2010年のことである。NEDOが調査用に掘削した生産井と還元井が九重町へ譲渡されたのだ。これらの設備を有効に活用するため、発電利用が計画されることとなった。それが2015年に運転を開始した、〈菅原バイナリー発電所〉である（図3）。

2013年には九州電力とその子会社の「西日本環境エネルギー」、九重町が「菅原地区における地熱発電事業に関する協定」を締結し、開発が始められた。なお、一義的な開発主体は西日本環境エネルギー（現・九電みらいエナジー㈱）

〈菅原バイナリー発電所〉全景

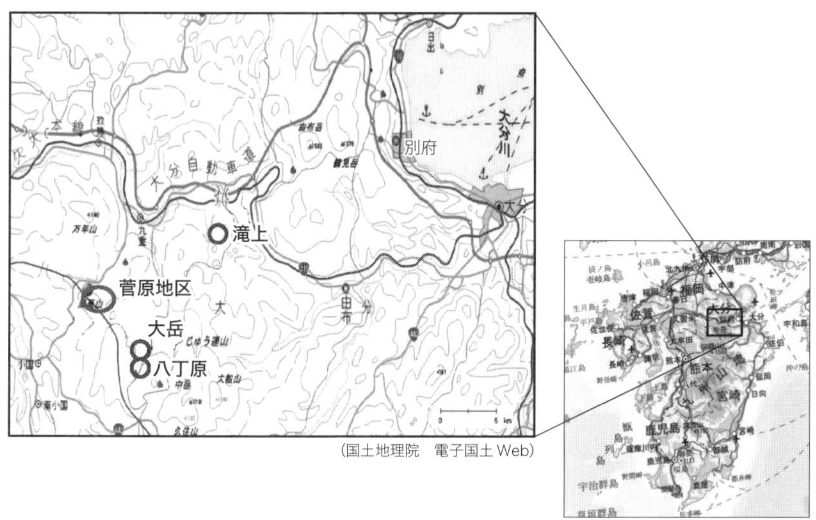

図 3 〈菅原バイナリー発電所〉の位置（出典：JOGMEC, 2015）

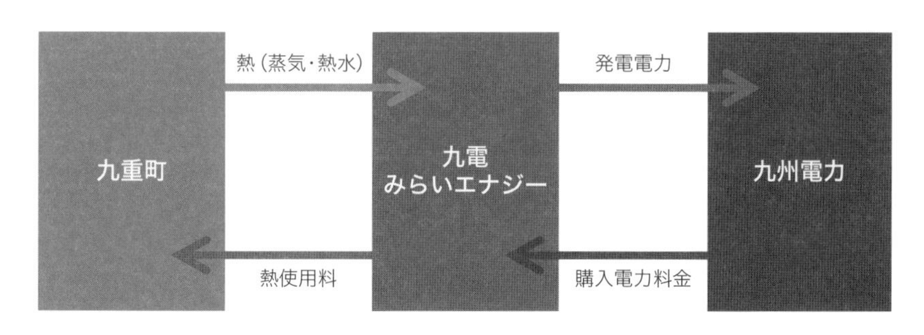

図 4　蒸気調達、発電、送配電の分担（出典：九電みらいエナジー、2015）

だが、三者はそれぞれ蒸気調達、発電、送配電を分担する（図4）。

(2) 地域事業としてのコミュニケーション

〈菅原バイナリー発電所〉は、ペンタンを用いたバイナリーサイクル方式で、出力5,000kWの中規模クラスである。環境アセスメントが求められる規模ではないが、噴気試験と周辺温泉への影響評価が自主アセスメントとして行われ、この影響評価内容は、関係者・住民に説明された。当初は異論もあったなか、2010年から11行政区を対象として広範囲にわたり、丁寧な説明を心掛けたことが報告されている（環境省、2016）。また、モニタリングなどによる影響調査が継続して行われており、地域の人々との間で地下資源の状況が共有されていることも、信頼関係構築・維持に重要な役割を果たしている。

また、2015年の運転開始以降、町所有の井戸を利用した発電事業として、その熱料金収入を発電基金として積み立て、泉源や湧水を保全する対策や、町民福祉のために利用すされることが期待されており、住民への利益還元の枠組みとなっている（環境省、2016）。

5. 北海道有珠郡壮瞥町：自治体と電力会社の協力

(1) 自治体・地域の電力事業者・地域外の電力事業者の協働

北海道の南西部に位置する有珠郡壮瞥（そうべつ）町は、火山活動が活発な地域であることから地熱資源にも恵まれていることが覗えるこの一帯は「支笏洞爺国立公園」に含まれ、有珠山や昭和新山でも知られている。

この地域では、九州電力と北海道電力の協力を得、壮瞥町が地熱資源の調査を計画している（図5）。自治体と、地域の電力事業者と、そして地域外の電力事業者との3者が協力することは非常に珍しい。

ことの発端は、2015年12月に、九州電力から技術協力の申し出があったことである。2016年5月10日には壮瞥町・北海道電力・九州電力の3者間で地熱資源調査協定が結ばれることとなった。同協定により、開発主体である壮瞥町には、両電力会社による技術的・手続的な調整などについてのバックアップ体制が取られている（図6）。

調査地点は町の東部、黄渓（おうけい）と呼ばれる地域の約$25km^2$で、自然公園の第3種

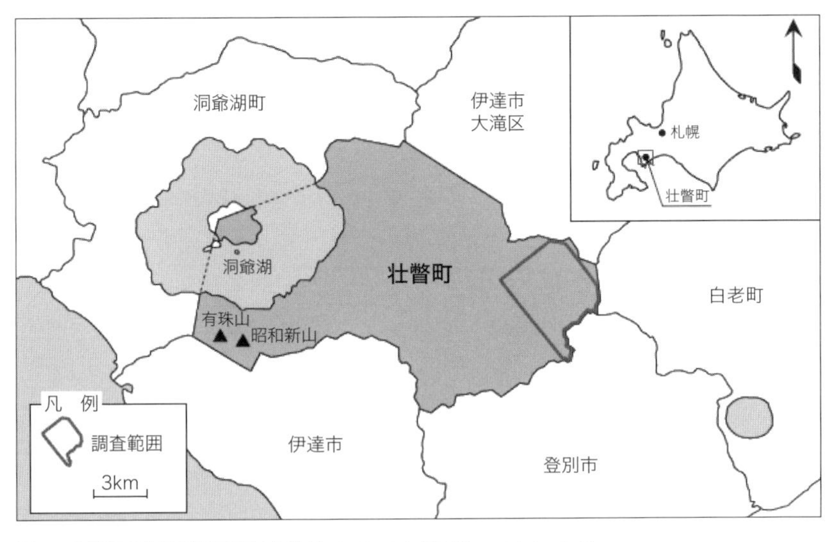

図5　壮瞥町の地熱資源調査対象地域（出典：北海道電力㈱ HP をもとに作成）

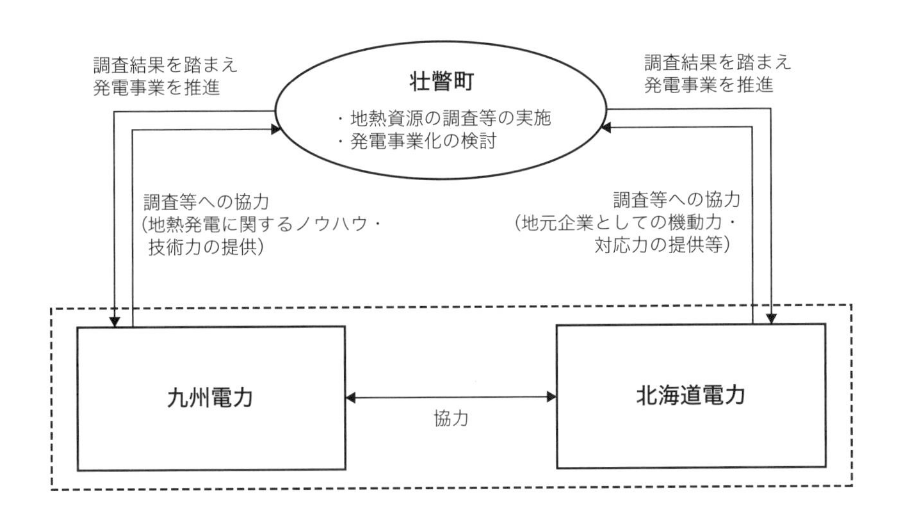

図6　壮瞥町と電力会社の協力関係（出典：北海道電力㈱ HP をもとに作成）

特別地域内に位置し、国有林であることから、林野庁への入山許可も必要である。2016 年度には JOGMEC の支援を受けて地表調査を行った。

(2) 地元民から隣接自治体まで不安を取り除く

また、温泉資源の保全について、隣接する登別（のぼりべつ）市の関係団体との話し合いや合意は非常に重要であり、登別市関係団体に対しては、2016 年の地表調査が始まる以前の、3 社協定締結直後に説明会を開催した。関係者からは泉源の保全のために継続的なモニタリングやその結果の公表を求める声があった。壮瞥町もそのような要望を理解し、対応している。また、壮瞥町内においても、温泉事業者や「北海道地質研究所」などで構成される「壮瞥町地熱利用検討会」において開発プロセスについての説明を行い、町外の地熱施設の共同見学などを通じて、計画への理解を進めていた。

また壮瞥町議会への説明と承認はもとより、町の広報活動、北海道新聞との協力に基づく情報発信などが行われている。なお、町としても積極的に広報を行っているが、開発ありきを前提としているのではなく、事前に調査を行ってゆき、その過程で何か問題があればその都度立ち止まって計画を見直す町側の姿勢が見られており、相互方向的な関係が形成されていた。

しかし 2017 年の調査結果では、期待どおりの地熱資源の確保が見込まれず、現在の調査地点での開発は再検討されることとなった。さまざまなコミュニケーションも積み重ねてきたなかでの計画中断である。一般的には、プロセス中断を受けて今後への影響が懸念されるところだが、壮瞥町では地熱開発そのものに対する期待が失われたわけではない。つまり、地熱計画は地域への便益（熱水の二次利用など）をもたらしうるとの認識で、引き続きその実現可能性を模索する見込みである。

この壮瞥町の事例が示すように、地熱開発は少なくない時間と段階を要する。しかし、そこで萎縮せずに地道に開発の可能性を模索し、地域にとって望ましい開発のあり方を検討し続けることの重要性を自治体がしっかりと理解することで初めて、地域がエネルギー自治を実現する未来が一歩近づく。壮瞥町においてモチベーションが維持されていることは、将来的な地熱利用の重要なファクターとなることを示していると言えるだろう。

6. 多様なエネルギーインフラの開発が自治体の未来をつくる

以上のように、日本の自治体に地熱開発や調査の動きが見られるようになってきた。技術的にも資金的にもさまざまな配慮が必要な地熱開発に、自治体が乗り出す背景には、地域の資源を地域で開発し、その収益などを住民や地域産業に役立てようとする基本理念がある。

富山県では、その母体の成立が大正時代に遡る公営企業である県企業局が調査・開発に関与する例であり、水力発電などで培ってきた地域関係者との信頼関係が、事業推進の大きな財産として寄与している。

大分県九重町では、九州電力と町役場が長年の信頼を基に、新たな開発を行い、順調に地熱発電所が運営されている。

北海道壮瞥町の事例は、技術的支援も含めた電力会社の関与はあるものの、自治体が地域資源を新たに調査・開発するもので、情報の共有について町内はもとより、隣接する自治体（登別市）においても相方向コミュニケーションを図っている。

このようなプロセスに欠かせない、合意形成のための地道なコミュニケーションは、最終的に地域住民から「愛される施設」を創り上げるためのものであり、3 地域の事例からはそうした自治体の意識と覚悟が見られている。

今後も、わが国の自治体が、一層多様なエネルギーインフラを開発・運営しながら、税収以外の収益につなげるなど、自治の力を高めていく動きを見守っていきたい。

参考文献

・青島矢一（2014）「小型地熱・温泉発電の可能性(9)：九重町菅原地区バイナリー発電」一橋大学イノベーション研究センターブログ
http://hitotsubashiblog01.blogspot.jp/2014/05/blog-post_25.html

・上園昌武（2016）「ドイツにおけるエネルギー自立地域づくりの実態と諸効果」『経済科学論集（Journal of Economics）』第 42 号、2016 年 3 月、pp.71-90

・遠藤誠作（2013）「地方公営企業の現状と課題 ～水道事業を中心に～」『日経研月報』2013.9、一般社団法人日本経済研究所

・環境省自然環境局（2016）「平成 27 年度地熱発電と温泉地の共生事例調査委託業務　報告書」
http://www.env.go.jp/nature/onsen/docs/honpen.pdf

・環境ビジネスオンライン「大分県九重町と九州電力が地熱発電事業」
https://www.kankyo-business.jp/news/006411.php

・九電みらいエナジー（2015）「菅原バイナリー発電所が営業運転を開始しました」
https://www.q-mirai.co.jp/news/archives/27
・石油天然ガス・金属鉱物資源機構（JOGMEC）（2015）「JOGMEC 債務保証案件の地熱発電事業が営業運転を開始」
http://www.jogmec.go.jp/news/release/news_10_000221.html?mid=pr_150629
・富山県（2014）「富山県再生可能エネルギービジョン」（平成 26 年 4 月策定）
http://www.pref.toyama.jp/cms_pfile/00014322/00706476.pdf
・富山県企業局（2014）「立山温泉地域地熱資源活用協議会について」（平成 28 年 12 月）
http://www.pref.toyama.jp/cms_pfile/00017583/01089573.pdf
・松井英章（2013）「電力自由化と地域エネルギー事業 ―ドイツの先行事例に学ぶ―」『JRI レビュー』Vol.0、No.10、日本総研
・諸富徹（2016）「『自治体エネルギー公益事業体』の創設とその意義」『都市とガバナンス』Vol.26、公益財団法人日本都市センター
・山下紀明（2017）「ハンブルグにおける発電・小売事業と配電事業の再公有化の推進要因」『京都大学経済学会・経済論叢』第 190 巻第 4 号
・北海道電力 HP「壮瞥町における地熱資源調査に関する協定の締結」（最終閲覧日：2017 年 3 月）
http://www.hepco.co.jp/energy/recyclable_energy/geothermal_power/conclusion_agreement.html

第 3 章

共生に向けた
コミュニティづくりの
手法

3.1

実践を後押しする制度づくり・人づくり

地熱開発においては、その環境影響を理解し、伝え、合意を図る制度や人づくりが課題である。ここでは、リスクコミュニケーションやそれに関連する各種のプロセスにはどのようなものがあり、市民参加と合意形成に寄与するかを考える。また、合意形成が、国の制度やガイドラインにどのように組み込まれつつあるか、また、地域で実際にどのような協議の枠組みが形成されているかを明らかにする。

社会のリスク認知とコミュニケーションの重要性

村山武彦

地熱開発におけるさまざまなリスクやその懸念については、地域コミュニティでの認知とコミュニケーションが課題となっている。これまで、わが国においては、地熱のみならず一般的な環境問題に関してもリスクコミュニケーションを進めるための十分な情報共有システムが整備されてきたとは言い難い。ここでは、リスクコミュニケーションの基本的な考え方を紹介したうえで、地熱開発以外の事例を通じてその内容を整理し、他事例から地熱開発が学ぶべき点を明らかにする。

1. リスクをめぐる対立（コンフリクト）の要因

本書では、2.4 節 2 項でもグリーンジレンマについて触れたが、グローバルな気候変動問題への対応と、地域コミュニティの意向との間に起きる対立（コンフリクト）は、近年増加する傾向にある。こうした対立はどのような要因で生じるのであろうか。

(1) リスクの関心を左右する要因

一般的なリスク認知に関するこれまでの研究では、1) 関係主体間の知識の差異、2) 不均一な利害関係、3) 価値観の相違、そして 4) 専門的な知見に対する不信感、が対立の要因として挙げられている（Diez, et al., 1989）。このうち、第二、第三の点については、リスクを発生させている事象そのものの問題であったり、関係主体固有の観点であったりするが、そのほかの2点については、より包括的なコミュニケーションを進めることで解消できるのはないかと期待されている。

例えば、図1は年間死亡数に関する実数と認知との関係を示しており、実際は死亡数が少ないリスクに対して、死亡数が高く認知されているとされている。また、表1はリスクの関心を左右する要因がまとめられており、単にリスクの大きさだけで人々の関心の度合が決定づけられているわけではないことを示している 。

(2) コミュニケーションに求められる関係者間の信頼関係

上記のような対立（コンフリクト）を避けるためには、このような人々の認識や関心のあり方を理解したうえでリスクの情報に基づく正しい理解と判断をうながすことが求められる。

こうした判断には、個人で判断できる部分、企業や行政、専門家が有する知識や経験に基づいて判断する部分、個々人の価値観や利害関係に依存する部分があると考えられる。これらの割合も、個人や状況によって異なる。

いずれにせよ、すべての情報を個人レベルで収集し理解することは難しい。どんな個人も、企業や行政、専門家などほかの関係者の判断に頼る部分が多かれ少なかれ生じるため、これらの関係者間の信頼関係はきわめて重要である。

2. リスクコミュニケーションに求められる役割

そもそも、リスクコミュニケーションには、何が期待されているのだろうか。学術的には諸説あるが、おおむねリスクコミュニケーションには次の段階が求められている。

・第1段階：すでに得られている科学的情報の共有
・第2段階：関係者相互の見解への理解
・第3段階：より良い行動に向けた合意形成

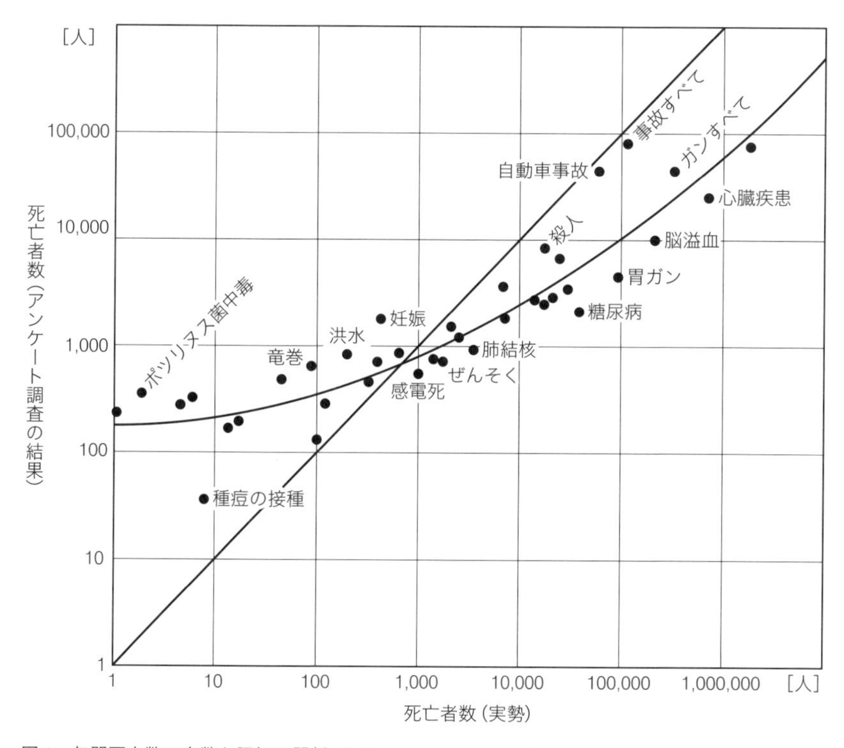

図１　年間死亡数の実数と認知の関係（出典：Lichtenstein et al, 1978）

表１　リスクに対する人々の関心を左右する要因

要因	公衆の関心が高い	公衆の関心が低い
原因	人間の行為や過失	自然現象や不可抗力
メカニズム	理解不能	理解可能
個人の制御可能性	不能	可能
曝露の原因	非自発的	自発的
可逆性	影響は不可逆的	影響は可逆的
子供への影響	特にリスクあり	特にリスクなし
被害者の身元	確認可能	困難（統計上の数値）
大災害による死傷	同時的、同一地域	時間や場所が分散
責任当局への信頼	高い	低い
報道機関の注目度	高い	低い
リスク / 便益の公平さ	不公平な分布	公平な分布
便益	不明確	明確

（出典：US NRC, 1989 より抜粋）

まず第1段階で、事前に調査された科学的知見を関係者にわかりやすく伝達したうえで、第2段階でさまざまな立場の関係者で、互いの意見を交換する。この段階では、あくまで自分とは異なる主体の見解を理解することが目的であり、一つの考え方にまとめることは求められない。むしろ、見解に多様性があることを認識することが重要と考えられる。

そして、第3段階では、互いの見解の共通点や相違点を理解したうえで、可能な範囲で合意点を見出し、より良い解決に向けた行動に結びつける。

このように、リスクコミュニケーションは多義的な用語であり扱う対象や立場によってさまざまな目的で使用されている。なお、立場によってはリスクコミュニケーションに求める機能を、第2段階の関係者間の見解の理解までとする場合もある。しかし、地熱発電の開発計画のように、個別の立地問題を扱う場合は、第3段階の合意形成まで含めて考えるのが妥当であろう。

各段階に込められた、リスクコミュニケーションへの期待は、リスクに関する情報を「共有」し、リスク回避のための手段を「周知」するとともに、企業、行政、住民など関係する主体の考え方を同意せずとも「理解」することを通じて、互いの信頼関係を醸成することである。

さらに、リスクを伴う意思決定のプロセスに、例えば関係者の意向を反映して新たな観点からリスクの程度を評価したり、リスク管理の方法を変更したりするといったような、コミュニケーションの成果を生かすことだと考えられる。

また、リスクに関するコミュニケーションを円滑に進めるためには、リスクに関する情報の提供、多様な関係者が互いに意見を交換するための場の確保、場を運営する調整役（ファシリテーター）や専門的な情報をわかりやすく伝える解説役（インタープリター）などの人材の確保なども必要である。

3. リスクコミュニケーションの実践例

(1) 廃棄物処分場の建設を巡る合意形成プロセスの変化

地域の環境に及ぼすリスクを、多様な関係者の視点で総合的に把握し、コミュニケーションを通じて情報を共有しながら、適切な管理方法を検討することは、地熱開発以外のさまざまな場面でも求められてきた。

例えば、有害廃棄物の最終処分場をはじめとした、いわゆる迷惑施設の立地計画である。このような施設の建設では、事業者と地域住民との間で紛争が生じる例は少なくない。筆者がこれまでに行った調査によると、紛争の要因は、地域への環境的あるいは経済的影響、扱われる廃棄物の発生場所、事業主体の安定性、地域住民に十分な情報が提供されなかったり、意見交換がなされないという手続き上の問題などが挙げられる。

海外でも、過去に日本とほぼ同様の経験をし、その教訓を活かして新たな合意形成に取り組んでいる例も見られる。カナダでは1980年代にわが国で言う公共関与型の処分場立地[注1]を第三セクター方式[注2]で進めようとする動きが広がった。しかし、具体的な決定プロセスは州によって大きく異なっている。多大な時間や費用を投じた挙句に建設に至らなかった州がある一方、民主的なプロセスに基づいて建設が実現した州もある。

紛争が起きやすいのは、立地場所を決定した後になって住民に計画を提示し、建設への理解を得るという、Decide, Announce, Defend（DAD、専門家による意思決定、関係者へのご説明、決定事項の堅持）というこれまでの決定手法である。一方、住民理解を得やすい手法として、決定プロセス自体を、地域住民と協同して管理する「地域主導による協同管理型アプローチ」の考え方が生まれてきている。

(2) 長野県豊科町：白紙に戻し立て直した廃棄物処理場建設計画

わが国でも、これまでの「立地ありき」からスタートする決定プロセスを改める機運が高まっている。

ここでは、長野県で進められた試みについて紹介する。

1. 施設検討の全面的見直し

長野県では1993年に、「県廃棄物処理事業団」が設立された。事業団は、松本市から10kmほど北に位置する豊科町での廃棄物処分場の立地計画を進め、2000年1月には開発前の環境アセスメントも公表されるに至った。しかし、地域住民の一部が反発し、豊科町の地区内で、建設の是非を問う住民投票が行われた。地区によっては賛成が反対を上回ったが、結果的に反対が多数を占める地区が多く、建設は暗礁に乗り上げた。

そこで、2000年10月に県知事に就任した田中康夫氏は、原科幸彦東京工業大学大学院教授に検討委員会の委員長を依頼し、基本的な運営方針をすべて任せ

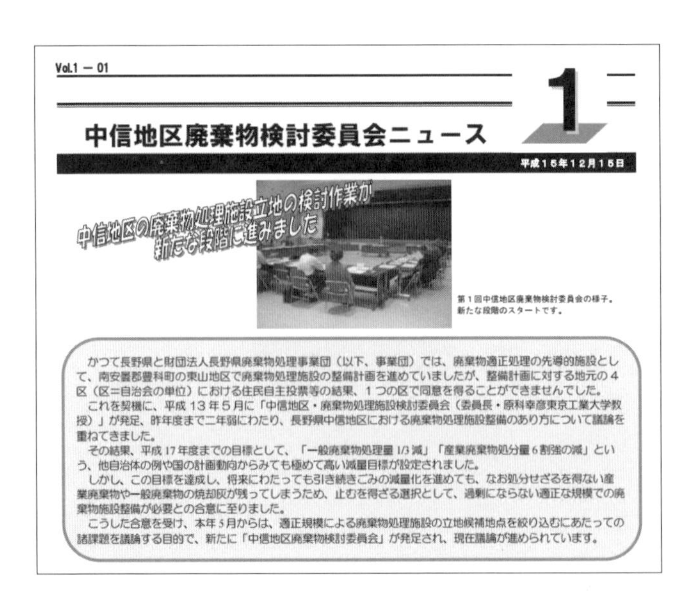

Vol.1 — 01

1

中信地区廃棄物検討委員会ニュース

平成15年12月15日

中信地区の廃棄物処理施設立地の検討作業が
新たな段階に進みました

第1回中信地区廃棄物検討委員会の様子。
新たな段階のスタートです。

かつて長野県と財団法人長野県廃棄物処理事業団（以下、事業団）では、廃棄物適正処理の先導的施設として、南安曇郡豊科町の東山地区で廃棄物処理施設の整備計画を進めていましたが、整備計画に対する地元の４区（区＝自治会の単位）における住民自主投票等の結果、１つの区で同意を得ることができませんでした。

これを契機に、平成13年５月に「中信地区・廃棄物処理施設検討委員会（委員長・原科幸彦東京工業大学教授）」が発足、昨年度まで二年弱にわたり、長野県中信地区における廃棄物処理施設整備のあり方について議論を重ねてきました。

その結果、平成17年度までの目標として、「一般廃棄物処理量1/3減」「産業廃棄物処分量6割強の減」という、他自治体の例や国の計画動向からみても極めて高い減量目標が設定されました。

しかし、この目標を達成し、将来にわたっても引き続きごみの減量化を進めても、なお処分せざるを得ない産業廃棄物や一般廃棄物の焼却灰が残ってしまうため、止むを得ざる選択として、過剰にならない適正な規模での廃棄物施設整備が必要との合意に至りました。

こうした合意を受け、本年5月からは、適正規模による廃棄物処理施設の立地候補地点を絞り込むにあたっての諸課題を議論する目的で、新たに「中信地区廃棄物検討委員会」が発足され、現在議論が進められています。

図２　ニュースレター（提供：中信地区廃棄物検討委員会）

ることとなった。

原科教授はこの計画を一旦白紙に戻し、新たな検討プロセスを進めるために、検討会を設置することを提案した。

2. 学識者と地域住民からなる検討委員会の設置

委員会は学識経験者と12名の公募委員により構成され、審議の過程および情報をすべて公開することを原則とした。そのため、すべての審議について一般の人々の傍聴を認め、審議過程は地域のケーブルテレビで放映した。

資料、議事録はインターネットで公開するとともに、公募委員を編集委員とする「ニュースレター」を数カ月に一回程度発行し、審議の透明性を図った（図2）。

2001年5月27日の初会合以来、会合は2週間から1カ月に1回のペースで開かれ、2003年3月末までに33回の委員会が開催され、3回の現地調査や一般廃棄物の組成調査を行った。

これと並行して、廃棄物を減量するための指針[注3]の検討や、産業廃棄物の減量目標の検討が進められた。

これらの調査には、地元の学識経験者や公募委員、それに委員外の環境団体などで構成されるワーキンググループが大きく貢献している。また、委員会では公募委員に選考されなかった応募者からも、実状や意見を表明する機会を設

図3　検討委員会での会議の様子

けた。

3. 政策・計画レベルの検討

検討委員会（図3）では、最初から処分場立地の是非について議論するのではなく、まず問題の上流にある「廃棄物の発生状況」を把握し、あるべき処理計画を検討したうえで、施設の必要性を議論することを心掛けた。

初期の段階では、まず委員全員が、廃棄物問題に関する知識を共有することから始めた。基本的な用語の説明や、国全体の廃棄物処理の動向、県の廃棄物処理計画などとともに、豊科町に建設が予定されていた処分場の基本方針や受け入れ計画に関しても説明がなされた。この丁寧なやりとりの過程で、個々の委員が持っていた疑問を解消しながら、意見を述べ合った。

●基礎データの見直し

とりわけ、事業団が当初予定していた処分場の建設計画に対しては、廃棄物の発生量は近年急激に増加しているとされているが、基礎データが古すぎること、廃棄物の発生抑制を考慮していないことなどの意見が相次いだ。

こうした意見を受けて、まずは廃棄物の発生量を把握することから始め、排出抑制、再資源化の可能性を検討していった。

産業廃棄物については、県が5年に一度行っている実態調査のデータを利用することになった。

しかし、一般廃棄物については有効な県内調査例が見当たらなかったため、地区内の市町村に対するアンケート調査を行い、他地域の先進事例を調査した。

●排出抑制の検討

産業廃棄物に関しては、排出事業者へのヒアリング調査や現地調査などが実施された。まず廃棄物の種類ごとに排出抑制が検討され、その後に再資源化による最終処分量の抑制が検討された。

その後、どうしても残る廃棄物の処分施設の立地選定に議論が進んだ。

この事例では上記のように、まず得られる客観的な情報を整理することから始め、関係者の意見を勘案しながら、ステップを踏みながら合意を形成する手続きが取られている。

これは、前節で示したリスクコミュニケーションに求められる第1段階から第3の段階の役割を果たしていると考えることができる。

4. より良いコミュニケーションに求められる要件

カナダや豊科町の産業廃棄物立地問題からもわかるように、地域において何らかの事業を行う際はリスクコミュニケーションが非常に重要である。そこで求められる要件として、次の4点にまとめた。これらの関係を図4に示す。

(1) 中立的な専門家による議論の場とプロセスのデザイン

どのような場面においても、異なる意見や見方を持つさまざまな関係主体が意見や情報を交換し合う場が必要である。しかし、「リスク」が中心課題として議論される場面で、こうした意見交換の場があらかじめ位置付けられている事例はほとんど存在しない。ほかに、住民が環境アセスメントのための説明会への参加を拒否するといったような状況も典型的な例である。

こうした相互理解の拒絶を解消するためには、参加することで疑問が解消したり、判断材料が著しく増加するなど、各主体にとって“議論に参加することがプラスに作用する”ようなコミュニケーションの場やプロセスをデザインすることが求められる。

なお、リスクコミュニケーションにおいて、専門家の役割はきわめて重要である。すなわち、すでに得られている科学的な知見をわかりやすく解説するとともに、比較的利害が伴わない中立的な立場として、専門的情報をわかりやすく翻訳する解説役（インタープリター）としての役割が大きい。また、コミュ

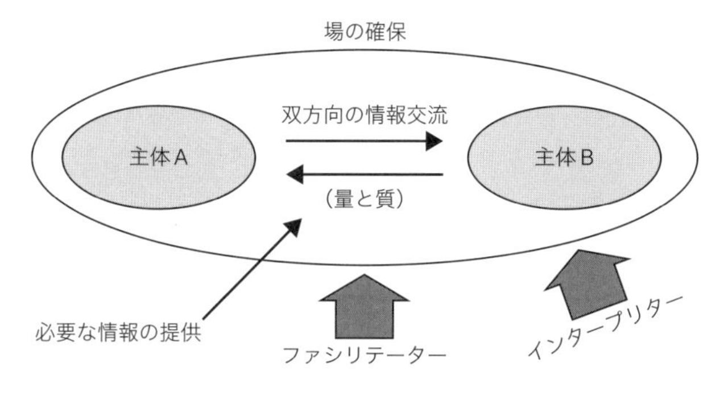

図4　コミュニケーションを進めるための要素

ニケーションの場において、知識や経験を生かした調整役（ファシリテーター）としての役割を担うことも期待される。

(2) 交流させる情報の量と質の整備

上記のような議論の場を設定することに加え、議論の中で交流させる情報の内容についても、専門家は入念に検討する必要がある。残念ながらわが国のリスクコミュニケーションの事例を分析する限りでは、いずれも科学的な基礎データに基づいて、リスクレベルを客観的に評価できているとは言い難い。リスクについて論じていながら、具体的な情報は共有しないまま議論が進行している例がきわめて多いのである。だから、事業者にとっては「絶対安全」であり、住民にとっては「絶対危険」であるという、2元論的な認識が発生してしまう。

議論を行っている時点の科学水準において評価しうるリスクレベルの情報を提示することは、関係主体のコミュニケーションの架け橋となる可能性を持っている。

1. 不確実性を丁寧に伝える

ただし、ここで注意すべきは、科学の水準では確定できない要素についても情報を提示することである。リスクレベルの評価はさまざまな仮定のもとに導出されることが多いため、不確実な要素を含まざるをえない。そのような不確実性がどのように生じるのか、あるいはその不確実性がどのような度合いなのかについて情報を提示していくことは、リスク情報の客観性が増すという点で重要である。なお、科学的評価によって「確定的な」リスクレベルを論じることは情報の信頼性を損ない、コミュニケーションの進展を阻害する要因になりかねない。

2. マスメディアは不確実性をどう伝えるべきか

専門的な情報が提示されにくい現状において、特に地域住民が求める情報を提供しているのがマスメディアである。それだけに、メディアがリスクコミュニケーションにおいて果たしている役割はきわめて大きい。しかし、現状ではメディアが的確な情報を提供しているか疑問の余地も大きい。例えば、1999年に取り上げられたダイオキシン問題や、2011年に発生した〈福島第一原子力発電所〉事故によって拡散した放射性物質の問題では、人々の行動にメディアの報道が大きく影響したと考えられる。とりわけ、リスクの危険度合いやその不確実性に関する情報をメディアがどう提供すべきかは、大きな社会的課題である。〈福島第一原子力発電所〉の事故の際、表1で挙げた要因を考慮せずに、個人で制御が困難な放射性物質による影響を、生活習慣によって改善可能な野菜の摂取量の減少によるがんの増加と比較することで安全性を強調するような報道は、不適切なリスクコミュニケーションの一つの例であろう。

(3) 関係主体の信頼関係の醸成

また、産業廃棄物施設立地・建設に際しては、運営する事業者や管理監督を担う行政の信頼度があまり高くないことがある。これは、有害物質の漏えい問題が発覚した後など、住民とのコミュニケーションが必要とされる場面では特に顕著である。相手に対する信頼が低い状況においては、良好なコミュニケーションは望めない。事前に信頼関係を築いておくためには、意思決定プロセスの透明性や、ともに信頼を築いていこうとする互いの意欲が必要である。

ちなみに海外では、多様な主体間の信頼関係醸成とは別に「参加型のプロセス」によって自分たちで意思決定をする手法も取られている。一つの例として、アメリカにおける廃棄物の不法投棄による環境汚染の対策がある。写真は、ニューヨーク州のハドソン川流域で発生したPCB（ポリ塩化ビフェニル）汚染[注4]の対策を検討している地域諮問委員会の様子である（図5）。

また、国レベルではなく、ある程度小規模な地域レベルでは、行政に頼るのではなく住民も対等な立場でリスク管理の方策について決定していくというスタイルも考えられる。埼玉県川越市では、地域内で発生しているさまざまな環境リスクに関して意見を出し合い、内容を整理したうえで今後必要とされる取

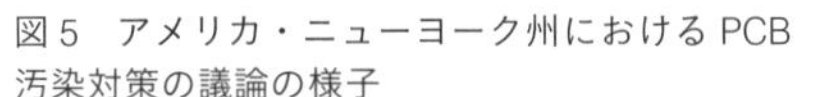

図５　アメリカ・ニューヨーク州における PCB 汚染対策の議論の様子

図６　川越市における地域内の環境リスクに関する議論の様子

り組みについて検討した（図6）。しかし注意しておきたいのは、この場合、住民も意思決定に責任を持たざるをえないことだ。万が一意思決定後にリスクが予想以上に大きいと判明しても、決定した内容に関する責任を第三者に求めることは困難になる。したがって、将来の不確実性も含めたうえでリスク管理の条件が整うのであれば、参加型プロセスには主体的な理解が進むという効果も期待される。

(4) 合理的なリスク分担方法の整備

施設の立地においては、主体間のコミュニケーションのあり方とともに、環境リスクが発生する過程の地理的な関係が、議論の内容を左右することがある。特に、ばい煙などの発生によって、リスクの発生要因を生み出している地域とリスクの受容を求められる地域とが乖離する場合は、慎重さが求められる。この場合、リスク分担の方針に合理性がなければ、コミュニケーションの基礎的条件が整っているとは言えない。

アメリカにおいては、環境リスクを特定の階層・人種へ不公正に集中させない「環境的公正」という概念があり、これを行政手続きに反映させている。

一方、わが国においては、地域間の（エネルギーを含む）生産と消費の関係、あるいは廃棄物の事例にみられるような発生と処分の関係に、リスク分担の不均衡が生じていると考えられる。こうした問題は地域間の格差を含めた議論に発展する恐れがあることからあまり扱われてこなかったが、どのような事例についても、多かれ少なかれ、環境リスクと社会的公正の関係は避けて通れない課題である。今後、環境的公正に関する議論をいかに取り込んでしていくかは、リスクコミュニケーションを進展させる条件の一つとして考えられるべきであろう。

(5) 協定書による協議事項の確認

これまで、リスクコミュニケーションにおける肝要な点を整理してきたが、これらを踏まえた適切なコミュニケーションを通じてステークホルダー間で協議した結果を、実際にどのように実行するかもまた重要である。そして、この協議事項の実行には、それを担保する仕組みとして協定書の締結などがあげられる。実際に、すでに設置された地熱発電所を対象とした調査では、全国17の調査対象のうち12の地熱発電所で同意書や協定書、環境保全協定など、何らかの協定が結ばれていた（環境省自然局・㈱長大、2016）。合意に至った協議事項を、協定書としてステークホルダー間で締結することによって実効性を担保できる。さらに、協議に入る前にあらかじめ合意事項に関する協定書の締結を念頭に置くことで、互いの信頼を高めてコミュニケーションを図ることが可能になるといえる。

注

注1　公共関与型の処分場立地
産業廃棄物の処分は通常民間が行っているが、適正な処分を進めるために、公共が関与して処分場を立地し、領域を徴収して廃棄物を処分している例がある。

注2　第三セクター方式
国または自治体と民間企業との共同出資によって設立された団体により事業を運営する方式。

注3　一般廃棄物減量指針
家庭やオフィスなどから排出される廃棄物の減量を進めるためのガイドライン。

注4　アメリカの家電メーカーであるジェネラル・エレクトリック社（GE）の工場でコンデンサーを製造しており、その過程で1947年から30年間にわたって、約590トンのPCBを川に放流した。

参考文献

・Diez, T., Stern, P.C., and Rycroft, R.W.（1989）“Definitions of Conflict and the Legitimation of Resources: The Case of Environmental Risk”, *Sociological Forum*, 4(1), pp.47-70

・Lichtenstein, S., Slovic, P., Fischhoff, B., Layman, M. and Combs, B.（1978）“Judged Frequency of Lethal Events. Journal of Experimental Psychology”, *Journal of Experimental Psychology*, 4(6), pp.551-578

・US NRC（1989）*Improving Risk Communication*, The National Academies Press, p.352

・環境省自然局・株式会社長大（2016）「平成27年度 地熱発電と温泉地の共生事例調査委託業務 報告書」

環境省地熱ガイドラインを越えて

諏訪亜紀

1. 個別解から共有知へ：ガイドラインの策定

第２章では、地域の成功例や実践のプロセスから、どうすれば地熱開発とコミュニティが共生し、持続可能な開発が達成されるのかについて紹介した。それぞれの地域は、独自の文脈で地域主導の方法を編み出し、または地域が納得いく形で開発を受容し、さまざまな地熱発電を実践しており、もちろん、それ自体価値のあることである。事例の当事者たちは、試行錯誤を繰り返しながら、手さぐりで合意形成を行う過程で、コミュニティの発展に寄与しうる開発を達成してきた。

しかし、本来であれば、地熱発電の開発に際して、地域との関わりについて一定の規範となるガイドラインがあってもよいはずである。序で研究会が問うた、「地熱発電開発は、地域住民にどのようなメリットがあるのか、あるべきなのか。ともすれば疲弊しがちな地域コミュニティに、地熱発電はいかに貢献できるのか。一方、万が一のリスクに備え、どのタイミングでだれが何を保障すべきか。どのようなリスクコミュニケーションがなされるべきか」という疑問に応える指針があれば、地域住民・資源との共生・発展がより容易になるのではないだろうか？

2. 日本地熱学会によるガイドライン

とはいえそうしたものが存在しなかったわけではない。地熱発電と地域の関係については、これまでもさまざまな報告書・ガイドラインが示されてきた。

日本地熱学会は、2010年5月に「地熱発電と温泉利用の共生を目指して」という委員会報告書を出している（日本地熱学会、2010）。ここで示されているのは、地熱発電利用と温泉の科学的理解に基づいた開発側と住民側、双方向のコミュニケーション促進であった。

⑴科学的分析結果の適切な説明と相互の信頼関係の維持
⑵地熱資源・温泉関係者の定期的な対話と地熱発電に関する広報活動
⑶学識経験者、地熱発電事業者、温泉事業者を含む地元関係者の意見を踏まえた事業化プログラムの作成

などを提案しており、地熱資源の有効的活用を期待する内容となっている。

3. 環境省によるガイドライン：その意図してきたこと

(1) 温泉資源の保護と開発の促進を両立させる

また、公的な指針も程なく発表された。環境省は、2012（平成24）年3月31日に「温泉資源の保護に関するガイドライン（地熱発電関係）」を策定している。その後、2014年の「改訂ガイドライン（平成26年版）」を経て、2017年にさらなる改訂が行われた。

環境省が策定するガイドラインのねらいは、温泉資源の保護を図りながら再生可能エネルギー（地熱）の導入が促進されるようにすることである。

開発に際しては、各段階で実施される掘削行為（調査段階における調査井など）から得られるデータを、温泉法に基づく掘削許可の判断に活かす必要がある。このため、ガイドラインでは、必要な資料やそれに基づく判断の方法なども示されている。

(2) 合意形成の「補助線」も明文化

温泉資源の保護を図りながら再生可能エネルギーの普及を促進する観点から、温泉法における掘削許可の判断基準の考え方を示す環境省ガイドラインは重要なものである。しかし、2014年発行のガイドライン（平成26年版）までは、長年地熱発電の開発による温泉資源への影響を判断するために必要な資料とそ

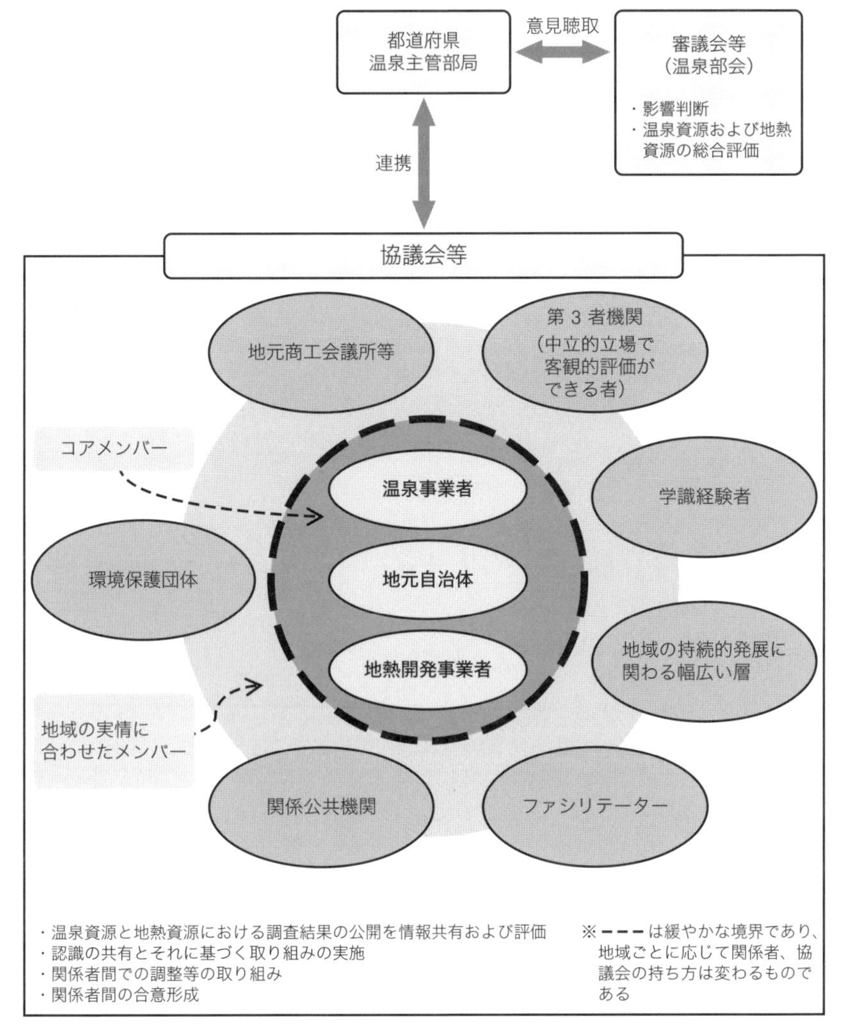

図1　協議会体制の構成例の一つ（出典：環境省、2017）

れに基づく判断の方法についてのやや技術的な指針に留まる傾向にあった。

例えば関係者に求められる取り組みとして、モニタリングと情報公開の重要性及び関係者間の合意形成を扱っているが、リスクコミュニケーションに関して協議会が果たす役割、地域協定のあり方などに踏み込んだものとなっていない。なおガイドラインは、2014年の改訂後、温泉資源に関する各種調査や、都道府県の温泉行政担当者などの意見も集約しながら、社会制度の専門家も交えた検討会を開催し、事例の積み上げを中心にした改訂作業を行ってきた。そして2017年10月に提示された「ガイドライン（改訂）」では、合意形成の仕組みが、調査・開発の段階や地元状況に応じて適切な形をとることや、温泉資源保護のための地域固有の課題について関係者間で協議（図1）することが推奨されることとなった（環境省、2017）。

また、関係者への個別説明や住民説明会などの開催を通じて、地方自治体との緊密な連絡・連携の重要性について記述されることとなったが、ガイドラインはあくまでも温泉法の枠組みに沿ったものであるため、再生可能エネルギーとしての地熱そのものの促進を図る側面がやはりやや薄く、さらに具体的かつシステマチックなフレームワークの提示があってもよいだろう。しかし、関係者間の合意形成について、徐々に明文化されていることは歓迎したい。

4. 経済産業省によるガイドライン

一方、2017年、経産省（資源エネルギー庁）は、2016年のFIT法改正に伴い、「事業計画策定ガイドライン（地熱発電）」を発行した（経済産業省、2017）。改正FIT法では、事業者に対して、再生可能エネルギー発電事業計画の提出に基づく認定制度を創設した。このガイドラインで遵守を求めている事項に違反した場合には、認定基準に適合しないとみなされるため、他のガイドラインよりも重い位置づけとなっている。

事業計画策定ガイドラインでも、地域との関係構築は重要な柱となっており、次の3点が特に求められている。

・事業計画作成の初期段階から地域住民、温泉事業者等の関係者と適切なコミュニケーションを図るとともに、地域住民、温泉事業者等の関係者に十分配慮して事業を実施するように努めること。
・地域住民、温泉事業者等の関係者とのコミュニケーションを図るに当たり、配慮すべき関係者の範囲や、説明会の開催や戸別訪問など具体的なコミュニケーションの方法について、自治体と相談するように努めること。環境アセスメント手続の必要がない規模の発電設備の設置計画についても自治体と相談の上、事業の概要や環境・景観への影響等について、関係者への説明会を開催するなど、事業について理解を得られるように努めること。
・運転開始後も、自治体、地域住民、温泉事業者等の関係者に情報を共有しつつ、継続的にコミュニケーションを図るように努めること。

事業計画策定ガイドラインでも、地熱発電事業者が初期の調査段階から、地元の関係者に対して丁寧な説明を行い、地域との関係構築を図ることが望ましいことや、議会を設置、自治体との相談の重要性、また、環境アセスメント手続の適切な実施が地域住民の理解の促進に資することなどについて触れられている。

5. 温泉事業者によるガイドライン

公的ガイドラインとは別に、温泉事業者を中心としていくつかの報告書・提言も出されている。全国旅館ホテル生活衛生同業組合連合会（全旅連）は、「地熱発電と温泉地との共生に関する調査報告書」において、温泉と地熱発電との共生を目指すうえで、

⑴地元合意
⑵情報開示と第三者機関の設立
⑶過剰採取（補充井）防止規則
⑷環境モニタリングの徹底
⑸被害を受けた場合の温泉回復作業

の5項目を明文化することを提案している（全旅連、2013）。ここではまた、「地熱発電が、公正で透明な信頼関係の構築をもって生まれ、進められるものでなければならない」と主張されている。これは関係者間の合意形成の大切さを喚起するものとして、重く受け止めるべき課題である。

表1　ガイドライン一覧

組織	要点
環境省 自然環境局 「温泉資源の保護に関するガイドライン（地熱発電関係）（平成24年版）」（2012年）	現在稼働している地熱発電所に相当する規模の地熱発電の各段階に関して、構造試錐井の掘削や還元井の掘削等から得られるデータを温泉法第3条に基づく掘削許可の判断に活かすこと及び地熱発電の開始にあたっての生産性の掘削等に対する温泉法第3条における許可または不許可の判断基準の考え方を示す。
経済産業省（資源エネルギー庁） 「事業計画策定ガイドライン（地熱発電）」（2017年）	改正FIT法では、事業者に対して、再生可能エネルギー発電事業計画の提出に基づく認定制度を創設した。このガイドラインで遵守を求めている事項に違反した場合には、認定基準に適合しないとみなされる。具体的には以下の段階ごとに必要な措置が求められる。 1）企画立案：土地及び周辺環境の調査・土地の選定・関係手続、地域との関係構築 2）モニタリング：温泉モニタリング、環境モニタリング 3）設計・施工：土地開発の設計、発電設備の設計、施工、周辺環境への配慮 4）運用・管理：保守点検・維持管理計画、通常・非常時の対処、地域への配慮、設備更新 5）撤去及び処分：計画的な撤去及び処分費用の確保、撤去及び処分の実施
日本地熱学会 「地熱発電と温泉利用との共生を目指して」（2010年）	地熱発電利用と温泉利用の科学的理解に基づいて、双方向のコミュニケーションが図られ、地球の恵みの有効利用につながることを期待。 共生のための具体策 1）科学的分析結果の適切な説明に基づく、相互の信頼関係の維持 2）地熱発電・温泉関係者の定期的な対話と地熱発電に関する広報活動学識経験者、地熱発電事業者、温泉辞御者を含む地元関係者の意見を踏まえた共生のための事業化プログラムの作成
全国旅館ホテル生活衛生同業組合連合会（全旅連） 「地熱発電と温泉地との共生に関する調査報告書」（2013年）	温泉と地熱発電とが共生できることを目的とした5項目を提案 1）地元（行政や温泉事業者等）の合意を絶対条件とする 2）客観性が担保された情報開示と第三者機関の創設 3）過剰採取（補充井）防止の規則 4）長期にわたる環境モニタリングの徹底 5）被害を受けた温泉の回復作業の明文化

これらの指針・報告書からは、さまざまに重要なメッセージを読み取ることができ、それぞれに意義のあるものだ（表1）。しかし、ここに列挙したいくつかの指針・報告書の視点を踏まえつつ、温泉資源の保護という文脈を拡げて、地域資源の共有・共存のために地域住民と開発者の間でどのような合意形成が求められるのか、総合的な知見が示されるべきである。本章では、3.1節1項で「社会のリスク認知とコミュニケーションの重要性」を扱ったが、さらに、3.1節3項「計画の担い手づくり：多様な主体の関与を促す協議会」などから、今後考えうる地熱開発指針の方向性について明らかにしていく。

参考文献

・環境省（2012）「温泉資源の保護に関するガイドライン（地熱発電関係）」
https://www.env.go.jp/nature/onsen/docs/chinetsu_guideline.pdf

・環境省（2017）「温泉資源の保護に関するガイドライン（地熱発電関係）（改訂）」
https://www.env.go.jp/nature/onsen/docs/chinetsu_guidekaiseitei.pdf

・経済産業省（資源エネルギー庁）（2017）「事業計画策定ガイドライン（地熱発電）」
https://www.enecho.meti.go.jp/category/saving_and_new/saiene/kaitori/dl/fit_2017/legal/guideline_geothermal.pdf

・日本地熱学会（2010）「地熱発電と温泉利用との共生を目指して」
http://grsj.gr.jp/kyosei/Onsen_kyosei_report(2010.05).pdf

・全国旅館ホテル生活衛生同業組合連合会（全旅連）（2013）「地熱発電と温泉地との共生に関する調査報告書 ―地熱発電の現状と考察―」
http://www.yadonet.ne.jp/info/member/manual/chinetsu.pdf

3

3.1 実践を後押しする制度づくり・人づくり

計画の担い手づくり：多様な主体の関与を促す協議会

村山武彦・上松和樹・錦澤滋雄・柴田裕希

ここでは、地熱開発における計画策定や合意形成のテーブルとして重要な、「協議会」のあり方について、またその運営について、どのような効果があり、今後気をつけるべき課題は何なのか、全国の地熱開発に関する協議会を対象とした調査結果を基に考える。

2015年6月現在、全国では約70の地点で地熱開発が検討され、そのうち39カ所は「地元理解・検討段階」から「調査・開発段階」に入っている。さらに、18団体で何らかの地域協議会があることが、自治体などへの電話調査で明らかになった。また、協議会を設置していない団体でも設置が予定されている地域は数多く存在した。

1. なぜ協議会を設立するのか？

これらの協議会の運用に大きな影響を与えているのが「温泉資源の保護に関するガイドライン（地熱発電関係）」（環境省、2012年3月）である。まず、地熱発電で用いられる坑井には、温泉井戸と同様に「温泉法」が適用される。地熱流体を噴出させる目的で坑井を掘削する場合、温泉法による掘削許可が必要となる。このガイドラインは、地熱開発のための掘削の可否を判断するための基準の考え方を示すものとして制定されている。

関係者間に求められる取り組みとして、温泉モニタリングの重要性、情報の共有・公開、協議会などの設置による関係者間の合意形成、などに言及しており、例えば協議会などは早い段階からの設置が望ましいと記述されている（環境省、2012）。このガイドラインを受けて、最近の地熱開発に関する計画では、協議会をはじめとする関係者の間の合意形成の場が形成されつつある。

(1) 協議会運営の三つの形態

上松（2017）では、国内の地熱開発計画における協議会の運営状況に関して、アンケート調査を実施している。全国で地熱開発が行われている地域のうち、まだ開発に至っていない「地元理解・検討段階」とされる地域を除外して「調査・開発段階」に進んでいる地域の事務局に、協議会を設置しているかどうかの電話調査を実施している。その結果、全国15の地域から回答が得られた。

はじめに、全国の協議会名称ごとに協議会の分類を行った結果、大きく分けて3種類があることがわかった。

①検討協議会

開発が一番初期段階に設置される協議会であり、検討協議会、検討委員会などをこれに分類できる。この段階では、調査が始まったばかりか、もしくは地熱開発への協議を検討する段階と言える。

②研究協議会

理解促進協議会、研究協議会などの名称が付いている箇所をこれに分類した。主な活動内容は、地熱発電に関して研究を行ったり、理解を深めたりする勉強会のような位置付けであると言える。この段階では、地熱発電開発に関する協議を行っているが、まだ事業化までには至っていない段階である。

③利活用協議会

熱利用協議会、活用協議会などの名称が付いている協議会をこれに分類した。開発フェーズはあまり関係なく、初期のものから運開段階のものまで幅広く存在する。しかし、委員の発言機会が多い傾向があることがわかった。

(2) 開発規模によって異なる協議会の必要性

また、調査・開発段階に進んでいる地域の協議会を、さらに掘削試験を伴う開発と、既存井を利用する開発の二つに分けた。掘削試験を伴うものは、地熱開発の際に今回初めて掘削試験を行うことになる。つまり、比較的開発規模が大きいという特徴があり、リスクに関する話し合いも積極的に議題となる傾向がある。このような状況の協議会は、白水沢（北海道上川町）、山葵沢（秋田県湯沢市）、木地山・下の岱（秋田県湯沢市）、小安（秋田県湯沢市）など全国で計9地域が確認された。

一方、以前温泉井を掘削した、もしくは既に地熱井として掘削された井戸を譲り受けて地熱開発を行う場合、その地域には協議会がないことが多い。

2. 重要なのは、自治体が積極姿勢を示すこと

とりわけこの調査で浮き彫りとなったのは、合意形成を円滑に進めるためには、“基礎自治体がいかに積極的に動くか” がポイントになると言えることだ。

このような協議会は、だれが主導して設置するのかによって、その性格が大きく異なる。協議会の設置を判断した主体を調査したところ、その多く（9地域）が基礎自治体であることがわかった（図1）。一方、一部の地域では温泉事業者で組織した、開発事業者で組織した地域も見られた。なお、温泉団体以外（地域住民）で組織した協議会は今回の調査では確認されなかった。

基礎自治体が設置を主導した協議会は比較的中立性が高い。そのため、地域で開発の賛否が分かれる場合も多くの利害関係者（ステークホルダー）が参加しやすいと考えられる。協議会に参加した関係者たちにインタビューを行ったところ、「市や開発事業者との話し合いの場が存在する」ことを評価する意見が多く、とりわけ開発事業者は、基礎自治体が親身になって動いていることへの信頼感を評価していた。

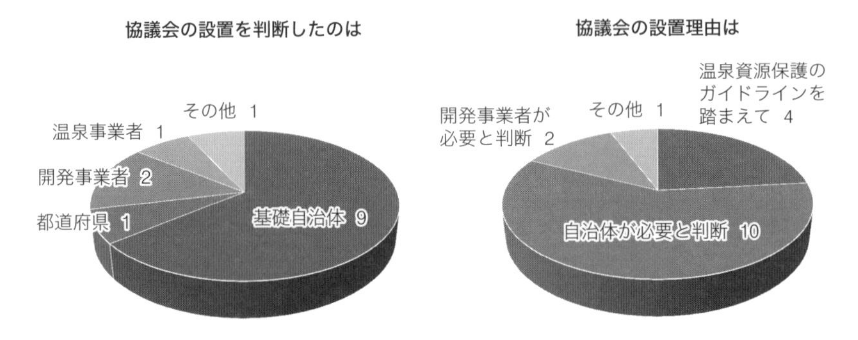

図1 「調査・開発段階」にある全国17の協議会について（出典：上松、2017）

3. 協議会を開かれた場にする

一方で協議会の委員の構成メンバーについても興味深い結果が得られ、協議会を運営するうえでの課題も明らかになった。多くの協議会では温泉事業者や地域住民の代表、市町村関係者といったメンバーが参加する一方で、商工関係者、有識者・専門家が参加する協議会は全国で半数程度である。

商工関係者の不在は、国内の地熱開発においては未だ地熱資源を地域の産業に活かしていく、地元経済へ発電による利益を還元するといった視点が不足しているということを意味しているように思われる。また有識者・専門家の不在は、地熱発電を普及させていくために、科学的なリスクコミュニケーションが不足しているということを示しているのではないだろうか。実際に協議会で議論された内容の調査結果を見ても、まず「地熱の調査計画やその結果」については、ほぼすべての協議会で取り上げられている。しかし、開発に伴う地域貢献策や悪影響への対応策の協議は比較的少ない。たとえ協議会に有識者・専門家が参加していても、その専門分野は「地熱資源の探査・評価」である場合が多い。「影響評価・リスク」に関する専門家がいる協議会は3地域、「地域づくり・地方活性化」に関する専門家がいる協議会は2地域にとどまっている。

地域の社会や経済と調和を図り、地熱開発が地域と共生していくには、今後はこれらの分野でも、専門家が協議会でその役割を果たすことが期待される。

また関係者へのインタビューでは、参加者が地域の利害関係者によってバランスよく構成されているかという代表性の担保の重要性が指摘されるとともに、構成員に高齢者が多いことから協議会の継続性について懸念する声もあった。

地熱開発のあり方を協議する場は、地域の資源である地熱を地域の未来のためにどのように守り、活かしていくのかを話し合うとても重要な場である。そのことを考えれば、協議会の構成員がもっと多様で幅広くなるように活動を広めていく必要がある。例えば、地熱開発に直接は関係のない立場の人でも、その地域に強い思い入れがある人、外部から新たに地域に入ってきた人、地域で新たなビジネスを企画している人、場合によっては地域の外の視点も取り入れてもよいかもしれない。幅広い立場、専門性、年齢の人々が、地域の将来を考え、地熱からまちの理想的な将来像を描く、そのような協議会の場が求められているのではないだろうか。

④ 3.1 実践を後押しする制度づくり・人づくり

市民参加と合意形成のプロセス

馬場健司

1. 科学の不確実性を乗り越える

地熱発電のみならず、風力発電や太陽光発電、小水力発電、木質バイオマス利用などの自然エネルギーは、「地産地消」が基本となる。したがって、このような地域の共有資源（ローカル・コモンズ）をどのように活用していくのか、地域社会での合意形成が重要である（田中・白井・馬場、2014）。本書冒頭でも触れたとおり、日本には世界第3位の地熱発電の資源賦存量があるとされる。地熱は安定的な電力供給が可能なポテンシャルの高い再生可能エネルギー源であるが、発電と温泉利用という地熱資源のトレードオフ問題をめぐって、利害関係者（ステークホルダー）間の対立（コンフリクト）が発生する事例がみられてきた。

(1) 科学的知見の多様性を尊重する

一方で、政策形成における科学の役割が世界的に高まっている。アメリカでは、2009年に科学の健全性確保に関して大統領指示が出され、内務省や大気海洋局（NOAA）などが独自の指針を提示している。欧州でも、イギリスやドイツで、政府への科学的助言に関する原則が政府の指針や学界からの提言として出されている。

東日本大震災とそれに続く〈福島第一原子力発電所〉事故を経験した日本で

も、信頼性の高い科学的知見に基づいた適切な政策形成が重要な課題となっている。2012年に科学技術振興機構が提言した「政策形成における科学と政府の役割及び責任に係る原則の確立に向けて」では、気候変動、放射性廃棄物処分、食品安全といった分野では多くの論点について科学者間で異なる見解が存在することが指摘され、こうした科学的知見に係る不確実性や多様性を尊重することをはじめとする10原則が提案されている（科学技術振興機構、2012）。

(2) 科学的知見をめぐる対立と参加型手法

ここで重要なのは、科学者間で異なる知見や見解が存在する場合に、これらを持ち寄り、エビデンス（事実）を提示しあいながら、どのように合意形成をしていくかということである。

発電と温泉利用という地熱資源のトレードオフ問題をめぐって対立が発生する原因としては、地熱資源が実際にはどれくらい賦存しているのかわからない、発電による掘削がどの程度の影響を及ぼすのかわからない、といった科学的に十分には明確ではなかったり、不確実性が高かったりすることが挙げられるだろう。このような科学の不確実性に起因する対立に対処していくための参加型手法として、「コンセンサス会議」や、さまざまな題材に適用されてきた「討論型世論調査®」など、多様な手法が挙げられる。本節ではこのうち、地熱発電の問題について適用された「共同事実確認」について紹介しよう。なお、各種

表1　各種参加型手法の特徴

	参加者の選出方法	専門知の提供とプロセスの概要
討論型世論調査	ランダムサンプリングによる一般市民	①事前の資料送付 ②会議での専門家との質疑 ③投票
コンセンサス会議	公募またはランダムサンプリングによる一般市民	①事前の資料送付 ②市民による質問の作成、専門家の選出 ③会議での専門家との質疑 ④市民提案書
共同事実確認	芋づる式サンプリングによるステークホルダー	①必要性の検討 ②ステークホルダーの招集 ③調査の範囲の検討（ステークホルダーによる質問作成など） ④調査結果の評価（会議での専門家との質疑など） ⑤プロセスの結果についての対話（ステークホルダー提案書など）

（出典：各種資料より筆者作成）

手法の大まかな特徴は表1に示すとおりである。

2. 共同事実確認による議論の基盤づくり

共同事実確認（JFF：Joint fact-finding）とは、ほぼすべての当事者が納得できる「エビデンス（事実）」を、科学者・専門家らとの協力によって探索・形成する議論の方法である。環境政策に関する対立は、利害関係者がその主張の根拠として異なる科学的な知見や専門家の見解を持ち寄ることによって発生することが多い。この事態に対応するため、アメリカでは1980年代から提唱されてきた（Ozawa and Susskind, 1985）。

(1) 共同事実確認の六つの要素

共同事実確認には、一般的に次の六つの要素が含まれる。

⑴異なる専門性や視点を持つ人々が参加すること
⑵参加者が新たな知見を得るため協働すること
⑶一貫性があり、論点がクリアな熟議の場であること
⑷参加者各人の問いを基本としてプロセスが組み立てられ、さまざまな角度から論点への理解が深まるように配慮されていること
⑸あくまで学習のプロセスであり、政治的な主張を行う場ではないこと
⑹さまざまな学問分野や利害関心を持つ参加者が互いを補完し合う（超）学際的な場であること

(2) 「エビデンス（事実）」をめぐる五つのガイドライン

筆者もメンバーとして参加した、国内で初めて共同事実確認の実践に取り組んだiJFFプロジェクトでは、以下の考え方が提示されている（iJFF, 2014）。すなわち、共同事実確認とは、議論すべき内容や範囲について、複数の異なる見解がある（またはそのような状況が想定される）場合に、ほぼ全員が納得できる「エビデンス（事実）」を特定・整理することで、その後の議論や判断を円滑にするものである。逆に、このような作業を行わないと、望ましい政策などを議論すべき場面で、何が正しい根拠なのか、だれが正しい根拠の提供者かとい

う論争に陥って、議論の土台そのものが崩れてしまう危険性がある。

なお、ここで言う「エビデンス（事実）」とは、意思決定や判断を下す際に用いられるさまざまな情報の集合体を意味する。また「情報」とは、質的・量的の両方を指し、いわゆる自然科学系に限らず人文社会系も含む広範な学問分野から生まれる情報から、地域における暗黙知まで多様な情報を含む。共同事実確認では「エビデンス（事実）」の扱いに特徴があり、iJFF プロジェクトでは以下のガイドラインを設けている。

⑴「エビデンス（事実）」は議論の当事者が取得すること
⑵「エビデンス（事実）」について共通理解の形成を試みること
⑶多様な学問分野から網羅的に「エビデンス（事実）」を収集すること
⑷「エビデンス（事実）」には不確実性（入手不可能性）があることを認めること
⑸議論の当事者がだれなのか意識すること

ここで注意しておきたいのは、共同事実確認は根拠の確認や整理を通じて政策の合意形成の基盤をつくることはできるが、政策の合意形成そのものを目的とした方法論ではないということである。

3. ハワイにおける地熱発電開発への適用例

では、実際に共同事実確認が地熱発電開発に適用されたハワイの事例を紹介しよう（Adler, 2013）。

(1) 地熱発電開発による健康リスク影響についての共同事実確認

ハワイ島では既存の〈プナ地熱発電所〉（現在 38MW の設備容量）の拡張計画が持ち上がり、これに対して近隣住民から健康影響について懸念が示された。そこで市長は、共同事実確認の提唱者の一人であるピーター・アドラー氏（ハワイ大学教授）に検討を依頼し、カウンティ（郡）議会議員の賛同を得て、同氏の提案が市長室に承認され、2012 年から地熱発電による健康リスク影響についての共同事実確認が実施されることとなった（図 1）。

FINAL REPORT

Geothermal Public Health Assessment

FINDINGS & RECOMMENDATIONS

Submitted By Peter S. Adler, PhD
PROJECT DIRECTOR

On Behalf of The Geothermal Public Health Assessment Study Group

SEPTEMBER 9, 2013

図1　ハワイにおける地熱発電開発による健康リスク影響についての共同事実確認プロジェクト報告書（出典：http://www.accord3.com/docs/Report%20FINAL.pdf）

この共同事実確認プロジェクトの目的は次の３点である。

⑴当該地区（プナ下流地域）の地熱発電による人々の健康影響についての問い（懸念材料）を明らかにすること
⑵その問い（懸念材料）に関する既往研究をリストアップし、意思決定者が参照できるように提供すること
⑶長期にわたって人々の健康を保全する政策決定のために、必要なモニタリング調査計画（実施の優先順位を含む）を提案すること

(2) 論点の整理が可能にした適切な課題設定

アドラー氏を中心とするチームは、まず、調査グループのメンバーや論点を明らかにするため、約30人を対象とした聞き取り調査を個別に行った（ステークホルダー分析やコンフリクトアセスメントと呼ばれる）。その結果に基づき、当該地区の地元の利害関係者や疫学者、毒性学者、医師、公衆衛生の専門家ら12名が調査グループのメンバーとして招集された。このメンバーによる会合は、2013年1月から9月までに9回開催された。

プロジェクト報告書によると、この共同事実確認では主として次の知見が得られている。

⑴そもそもプナ地区の人々の健康状況に関するデータが十分ではないこと
⑵したがって、健康調査が継続的に必要であること
⑶一方、地熱発電の運用は健康上のリスクをもたらしうること

この事例では、必ずしも深刻な被害が顕在化したり、対立が発生したりしたわけではない。焦点となったのは、今後の本格的な調査へ入る前に、専門家と利害関係者がどのように協働し、効果的な予防的措置を提案できるか、という点であった。

その結果、本調査に入る前の課題設定として、以下の提言がなされた。

⑴包括的な健康影響調査を実施すること
⑵特に硫化水素の健康影響評価やメタ分析（既往事例の横断的な分析）を行うこと
⑶モニタリング調査のより良い方法を確立すること
⑷地熱発電による飲料水と沿岸域環境への影響を調査すること
⑸健康影響調査を実施する専門家の信憑性、信頼性、独立性を確保すること
⑹地熱発電所から過去にも現在にも汚染がないことを保証すること
⑺人々とのコミュニケーションや注意喚起を強化すること
⑻カウンティ（郡）は開発事業者に対して、掘削や開発に先駆けて、水資源と健康に関する現状調査の実施を依頼すること

前述したように、共同事実確認は合意形成に資する広範な情報を提供し、合意形成への道筋を示すことはあるが、合意形成そのものを成果とすることは必ずしも意図していない。つまり、この事例にみられるように、課題設定のような早い段階で実施されることにこそ大いに意味があることを認識しておく必要がある。

4. 日本で実施されつつある共同事実確認

共同事実確認は、日本でも気候変動や再生可能エネルギーなどさまざまな題材に適用されつつある（馬場ほか、2012／馬場・松浦、2016／馬場・土井・田中、2016など）。

地熱発電については、大分県別府市において筆者らが実施しているところである。その初期段階として、表2のとおり、「小規模地熱発電と温泉利用の共生」について、2014年7～8月に合計36団体(53名）から聴き取り調査（表2）を行い、ステークホルダー分析を実施した（馬場ほか、2015)。

その結果、ほとんどの利害関係者が小規模地熱発電へ非常に高い関心を示すものの、その関心は必ずしも十分な科学的知見に裏付けられてはいないことが明らかになった。

また、地熱資源を重要な観光・経営資源として利用することは、多くの支持を得ていた。しかしそのうえで、単に経済的価値だけでなく、ある種の信仰の対象といった非経済価値も認め、地域コミュニティ全体での共有資源であるとの認識を持つ人も少なくなかった。

とはいえ総じて、小規模地熱発電を巡って深刻な対立は見られなかったと言える。確かに、原則として新規掘削を伴わない小規模地熱発電は、環境への影響が比較的少ない。しかし冷却に地下水が用いられることや、発電に十分なエネルギーを得るために多量の温泉水を必要とすることも、懸念材料として指摘されている。「温泉資源の枯渇」や「コミュニティの崩壊」といったリスクへの懸念も多くの人々に共通しており、何らかの影響が発生した時には対立が顕在化する可能性がないとは言えない。

表2　別府市におけるステークホルダー（利害関係者）分析の概要

所属・職業など	数	所属・職業など	数
別府市	4	機械製造業者	1
大分県	6	掘削業者	2
旅館	6	地域商業共同体	1
温泉事業者	1	ファンド	1
泉源所有者	2	NPO法人	2
観光団体	1	学識者	3
発電事業者・コンサルタント	6	計	36

（出典：馬場ほか、2015より）

そうした事態の予防策として、例えば、新規掘削が温泉に与える影響が懸念される場合には、温泉資源のモニタリングを行うなど、さらなる共同事実確認を行うことで、異なる利害関係者間の認識を共有することができると考えられる。

5. 日本で行う共同事実確認の留意点

このような共同事実確認を、日本においてよりよく活用するための留意点について人々の態度から検討したい。以下では、二つの調査結果より、このことについてみていくこととする。

(1) 日本、フィリピン、インドネシアにおける一般市民の態度の相違

図2は、世界第1位の地熱資源を持つインドネシア、同4位のフィリピン、そして同3位の日本に居住する一般市民を対象として、インターネットで実施した質問紙調査（実施期間：2014年12月15～18日、対象：20～40歳代以上の各代で男女50名ずつを割り付け、各国300人ずつを調査会社の全国のモニターから抽出、調査票は各国の公用語で記述）の結果の一部を示している。

ここでは、大規模な地熱発電開発を想定し、これを巡って地域社会で対立が発生した場合に、どのような社会的意思決定方法であれば受容可能か、という問いを立てている。3カ国での回答の分布には統計的に有意な偏りが見られ、

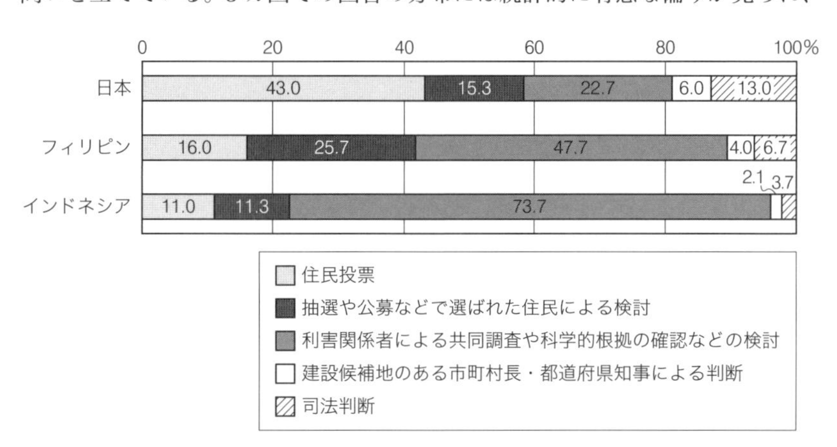

図2　対立が発生した場合に受容しうる社会的意思決定方法（3カ国一般市民比較）

日本では「住民投票」が最も多く選択されたが（43.0％）、フィリピン、インドネシアでは「共同調査や科学的根拠の確認」が最も多く（各47.7％、73.7％）、いずれの国でも「市町村長による判断」は１割以下とほとんど選択されていない。

また、地熱発電と地域社会の共生のために必要なことを１～３位まで尋ね、1位３点、２位２点、３位１点と得点付けし、国ごとに平均値を算出した結果、日本では「影響が発生した場合に備えた当事者間の保証なども含めた協定」の得点が最も高く、フィリピンとインドネシアでは「継続的なモニタリング」、「影響が発生した場合に備えた協定」、「小規模分散型地熱発電の推進」の三つが高い傾向が見られた。

これらの結果から読み取れるのは、エビデンス（事実）やそれを基にした社会的意思決定方法が、日本では必ずしも支持されるわけではなく、フィリピンやインドネシアでは大いに重視されている傾向である。これには、各国のモニターの性格の相違が背景にあるものと考えられる。一つには地熱発電に係わる知識の相違がある。日本は詳細な知識を持つ回答者が18.0％であり、フィリピンの40.0％、インドネシアの23.7％と比べると明らかに少ない。

また、仮に自宅近隣で地熱発電開発が計画された場合の建設プロセスへの関与意向も、日本では「積極的に問題解決に関与したい」という回答が11.0％であるのに対して、フィリピンは29.7％、インドネシアは48.7％と非常に多い。これらの知識や関与意向の差異が、エビデンス（事実）や社会的意思決定方法への態度に差異をもたらしたと考えられる。

(2) 日本での利害関係者に絞ったオンライン熟議実験での態度

次に、日本国内での利害関係者を対象として実施した別の実験結果をみてみよう（馬場・高津、2017）。この実験では、温泉地居住者、温泉地関連産業関係者、温泉愛好者、地球環境志向者をインターネット調査会社のモニターより抽出し、50人ずつの三つのコミュニティをインターネット上に構成した。参加者には、電子掲示板システムを使って２週間にわたって専門知を提供しつつ、ファシリテーターを介して参加者同士で熟議を行っていただき、熟議の前後で質問紙調査を実施した。

事後の調査結果（図3）によれば、「住民投票」（43.6％）が最も多く選択さ

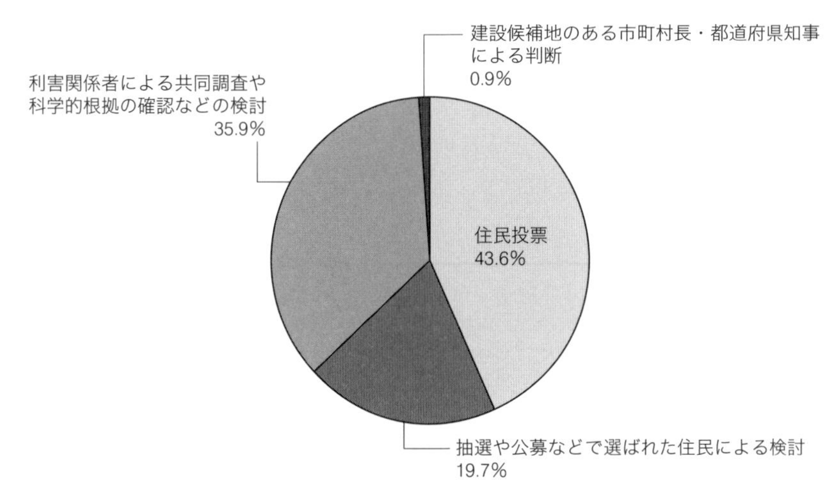

図3　対立が発生した場合に受容しうる社会的意思決定方法（日本国内ステークホルダー）（出典：馬場・高津、2017）

れる傾向は一般市民と同様だが、「共同調査や科学的根拠の確認」が35.9%と続いている。図2で示した設問とは、選択肢が一点だけ異なっているため正確な比較はできないが、一般市民とは違って利害関係者からは共同事実確認がより多く支持される傾向が見られる。

また、今後の温泉と地熱発電との共生に求められる工夫として、「温泉に影響が発生した場合に備えた当事者間の協定」（71.0%）、「中立的な第三者による蒸気や湯量などの継続的なモニタリング」（68.2%）、「大学や研究機関による温泉と地熱発電に関する科学的な知見やデータの蓄積」（55.1%）といった回答が多く挙げられた。さらに、仮に自宅近隣で地熱発電開発が計画された場合の建設プロセスへの関与意向についてみると、「積極的に問題解決に関与したい」という回答が48.6%と非常に多い結果となっている。

このように、当事者同士によるエビデンス（事実）の確認に一定の支持が得られたことから、一定の問題関心を持つ当事者間であれば、共同事実確認の方法論への理解が得られる素地は十分にあると言える。

6. 科学と社会の共創に向けて

以上のように、共同事実確認は日本においても積極的に活用され始めている。先に紹介した別府市では、別府湾流域を対象として水循環の構造を解析したり、温泉帯水層における湯量・温度と泉質に影響を及ぼす周囲からの涵養のバランスなどをモニタリングしたり、別府湾の海底から湧出する地下水（温泉水）が海域に及ぼす影響を空間分布調査によって確認したりと、さまざまなエビデンス（事実）が専門家によって提供されつつある。

このようなエビデンス（事実）は、どうすれば科学と社会の共創に向けてより役立つだろうか。

一つには、多くの人々が共創のプロセスを自分の問題として感じるために、それぞれが何らかの「共同調査や科学的根拠の確認」作業に関与することが必要だろう。地熱発電開発の場面でも、例えば市民科学の分野で行われてきた市民参加型モニタリング（Kobori et al., 2016）により、泉源所有者などが湯量・泉質・温度の変化などについて専門家と共同調査を行うことが考えられる。

もう一つは、科学的根拠を用いて「起こりうる複数の未来の姿」をシナリオとして描き、ワークショップなどを通じて、将来の不確実性に対応するための地域戦略を練ることも考えられるだろう（図4）。

地域の共有資源（ローカル・コモンズ）を有効に活用するにあたって、開発

図4　利害関係者を招いたシナリオ検討のためのワークショップの一例

事業者や自治体行政、地域住民をはじめとする利害関係者の協働は不可欠である。開発候補地での利害対立は、科学的知見に裏付けられていないケースがある。その解消には、適切な市民参加手法の活用によって、いかに事前に懸念を払拭する予防策としての課題設定を講じられるかが重要となる。ハワイや別府市の例に見るように、利害関係者が懸念する課題についてエビデンス（事実）を専門家が提供し、これを熟議により共同で確認する作業の積み重ねによって、さらに強固な合意形成への道筋として確立されていくことが期待される。

参考文献

・田中充・白井信雄・馬場健司編（2014）『ゼロから始める 暮らしに生かす再生可能エネルギー入門』家の光出版、2014.8

・科学技術振興機構（2012）『戦略提言 政策形成における科学と政府の役割及び責任に係る原則の確立に向けて』（CRDS-FY2011-SP-09）

・Ozawa, C. and Susskind L.（1985）“Mediating science - intensive policy disputes”, *Journal of Policy Analysis and Management*, 5（1）, pp.23-39

・iJFF（2014）「共同事実確認のガイドライン」
http://ijff.jp/publications/iJFF-guideline.pdf （2017年7月閲覧）

・Adler, P. S. (2013)“Geothermal public health assessment findings & recommendations”

・馬場健司・松浦正浩・篠田さやか・肱岡靖明・白井信雄・田中充（2012）「ステークホルダー分析に基づく防災・インフラ分野における気候変動適応策実装化への提案 －東京都における都市型水害のケーススタディー」『土木学会論文集G（環境）』2012.10.68（6）、pp.II_443-II_454

・Matsuura M. and Baba K. (2016)“Consensus Building for Long-term Sustainability in the Non-North American Context: Reflecting on a Stakeholder Process in Japan”, *Negotiation and Conflict Management Research*, 6（3）, pp.256-268

・馬場健司・土井美奈子・田中充（2016）「気候変動適応策の実装化を目指した叙述的シナリオの開発 －農業分野におけるコミュニティ主導型ボトムアップアプローチと専門家デルファイ調査によるトップダウンアプローチの統合－」『地球環境』2016.11（2）、pp.113-128

・馬場健司・高津宏明・鬼頭未沙子・河合裕子・則武透子・増原直樹・木村道徳・田中充（2015）「地熱資源をめぐる発電と温泉利用の共生に向けたステークホルダー分析 －大分県別府市の事例－」『環境科学会誌』2015（4）、pp.316-329

・馬場健司・高津宏明（2017）「オンライン熟議実験を用いた地熱発電と温泉利用の資源間トレードオフを巡るステークホルダーの態度変容分析」『社会技術論文集』pp.58-72

・Kobori, H. , et al. (2016)“Citizen science: a new approach to advance ecology, education, and conservation”, *Ecol Res*, 31, pp.1-19

環境アセスメントを応用したリスクコミュニケーション

柴田裕希

これまで見てきたように、地熱の開発においては、計画を立案し調査を進める過程で、多くの利害関係者（ステークホルダー）と、さまざまなリスクに関するコミュニケーションを図ることが重要である。利害関係者（ステークホルダー）となりうる専門家以外の人々にとって、とりわけ地下の開発において、そのリスクを科学的な視点から正確に理解することは容易ではない。

そのようなとき、一般の住民たちと開発事業者、あるいはその地域の行政が、共に開発の影響やリスクを考えるための手段として、環境アセスメントを応用する方法が考えられる。現在の環境アセスメントは、開発事業の直前に、事業による環境影響を評価し、影響の回避や低減を図ることを目的としている。このアセスメントのプロセスを新しいかたちで応用することにより、合意形成を促進するリスクコミュニケーションを図ることができる。

1. 手続統合型持続可能性アセスメントの実現に向けて

環境面・経済面・社会面の議論を総合的に扱い、開発による効果と影響、想定されるリスクについて評価していく方法を、「持続可能性アセスメント（以下、SA：Sustainability Assessment）」という。この手法では、通常の環境アセスメントで扱う自然環境面の議論に加えて、地元への経済面やその地域の歴史や伝統といった文化面への効果・影響やリスクも扱う。

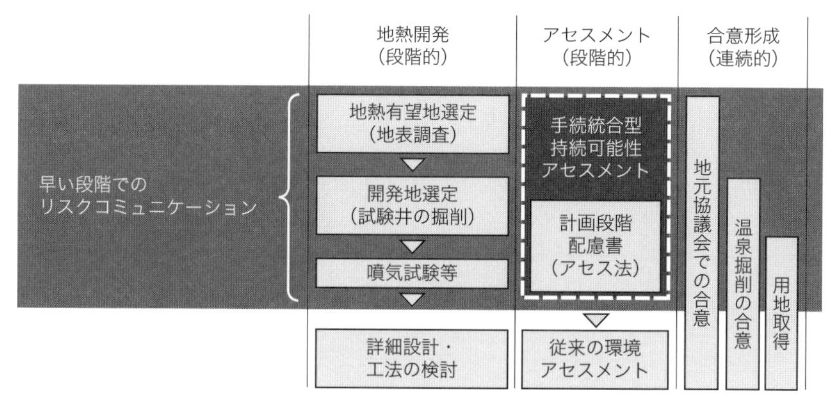

図1　アセスメントプロセスを用いたリスクコミュニケーションの段階

SAは、具体的な調査が始まる前の、開発の方針や構想を検討するきわめて早い段階から開始される。これによって、調査や開発に必要なあらゆる合意と許認可の手続きを、統合して進めることが可能になる。これは、手続きに多くの時間を要すると考えられていた環境アセスメントとは全く異なる、極めて効率の高いアセスメントプロセスとなりうる。SAは、「手続統合型持続可能性アセスメント」の応用であり、欧米ではすでに用いられている手法である。例えば、「温泉資源の保護に関するガイドライン（地熱発電関係）」（環境省）では、地表調査を開始する段階から協議会などによる地元の合意が求められるが、このような早い段階から手続統合型持続可能性アセスメントを用いれば、地元協議会などでも科学的なリスクコミュニケーションの実現を支援することができ、一種のSAと位置づけられる（図1）。

2. 計画の熟度に合わせたアセスメントプロセス

一方で、このような段階では事業に関するあらゆる事柄が未決定で、計画の熟度が極めて低いため、将来の開発による効果や影響、リスクを具体的に評価することは難しい。このため、このような段階でアセスメントのすべてを行うのではなく、計画の熟度に応じて、アセスメントプロセスを段階的に進めていくという工夫が必要になる。

例えば、地表調査の段階であれば、今後の予定に応じて懸念されるあらゆる利害関係者（ステークホルダー）からの懸念事項について、予定される開発の段階ごとに整理をし、これらを影響評価項目として取りまとめる「スコーピング」というステップを踏むことになる。そして、開発地や開発の規模が具体的に想定される段階に至れば、開発地や規模についてそれぞれの代替案を設定し、各案の有する開発の効果と影響、リスクを評価することで、最も望ましい案を検討していくことになる。

このように、懸念される影響やリスク、そして期待される便益の両方に関する科学的なデータについて、開発事業者と利害関係者（ステークホルダー）それぞれが共有し協議を進めることではじめて“社会的な合意に基づく開発”は可能になるのだ。持続可能性アセスメントのプロセスは、資源の保全や地熱の開発に向けた合意形成のためのプラットフォームとして有効なのである（図2）。

3. 一筋縄ではいかない手続きの迅速化

一方で、これまでのわが国の環境影響評価に費やす期間は、地熱開発で言えば平均して3～4年必要とされ、開発を遅らせる要因になっているという指摘

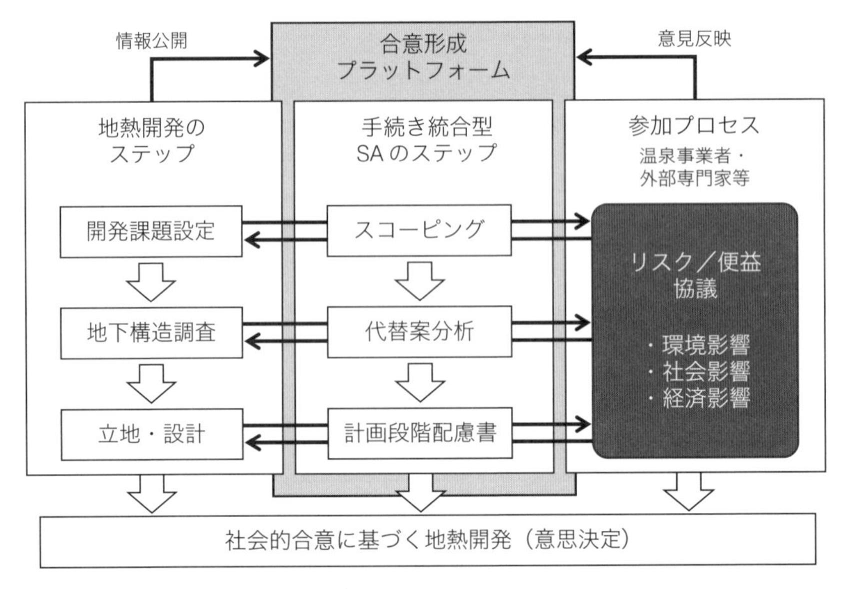

図2　アセスメントを用いた合意形成プラットフォーム

も見られる。この指摘に対して環境省は、環境影響評価手続きの迅速化のための取り組みを進めている。

この取り組みは、地熱開発を計画する事業者が行った環境影響評価の結果について、国や自治体が審査する期間を短縮する試みだ。加えて、環境影響評価に利用できる情報をあらかじめ国が整理し、だれもが利用できる環境基礎情報のデータベースとして公開している。これによって、事業リスクが高い地域では必要な調査を前倒しで実施できるようになった。結果的に、環境影響評価に必要な時間をおおむね半減することができている。

しかしここで注意しておきたいのは、単純に調査や審査の期間を短縮しただけでは、その影響を心配する利害関係者（ステークホルダー）にとってはかえって不安が高まるという点である。このため、本書2.2節2項の風洞実験の例でも触れた通り、アセスメントの迅速化に際しては、合理的な技術や考え方の採用なども伴うべきである。

手続統合型持続可能性アセスメントがコミュニケーションのプラットフォームとしてしっかり機能するように慎重に進めることも重要だ。必要な時間は惜しまずとも、効率的かつ効果的な合意形成のためには、早い段階から地域全体で話し合いを進め、必要な調査や影響の評価を着実に共有していくことが肝要である。地熱開発に関して、リスク学や、持続可能性アセスメント、環境アセスメントの関連性は十分に議論されてきたとは言い難く、従来までは、事業者と地域住民の関係性においては、ヒューマンファクターが重視される傾向にあった。もちろん、最終的なコミュニケーションの質は、関係に関与する「人」への信頼に依るところが大きい。しかし、地熱発電の健全な導入のためには、どの段階でどのような情報が提供されるか（場合によっては、事業そのものに加え、地域経済、伝統や文化への効果・影響も含める）、協議会にどのような役割と権限を与えるか、などをシステマチックかつ統合的に評価するに段階に来ているものと思われる。今後、「地熱発電」そのものを健全に促進するための指針を考える場合には、資源情報の共有、行政や地域主体の役割の明確化、経済・文化活動の範囲づけなどを段階的に明示することが望まれる。

3.2

海外のプランニングと合意形成からビジョンを描く

わが国では、長らく足踏み状態だった地熱開発だが、世界では着実にその導入が図られている。オイルショック以降、原子力ではなく地熱に大きく舵を切ったアイスランドなどの先進国はもとより、新たにアジア、オセアニアや中南米、アフリカ諸国も地熱開発が進めている。ただし、比較的スムースな導入が可能かどうかは、その国のガバナンスのあり方に左右される。システマチックな法制度の整備によって、資源情報の早期の共有や社会受容性などの向上を図れるかが各国でも問われており、わが国の課題とも共通しているものも多い。

アイスランド：
オイルショックから地熱へ。
地域社会と共生する地熱利用大国

木村誠一郎・長谷川明子

1. 100年の歴史を持つアイスランドの地熱開発

アイスランド共和国（以下、アイスランド）は、北大西洋の北極圏に近い場所に位置する面積10万3,000 km^{2}の島国である。2016年1月時点の人口は33万人と、人口規模だけで言えば日本の中規模都市くらいの大きさであるが、国土全体が大西洋中央海嶺の上に位置することで地熱資源に恵まれ、世界屈指の地熱大国となった。しかし、一朝一夕で地熱大国と言われるまでに至ったわけではない。

図1　[左] 1902～1910年ごろ、ロイガルダル（Laugardal）の洗濯用温泉で洗濯する女性たち。背景の柵には洗濯物がかかり、温泉から湯気が出ている（©マグノス・オラフソン／Magnus Olafsson、提供：レイキャビク写真博物館）／[右] 洗濯用温泉（提供：レイキャビクエナジー社）

アイスランドの地熱利用は記録が残っている範囲で、およそ100年の歴史を持つ。図1は1900年初頭に撮られた、地熱水を利用した洗濯の風景であるが、アイスランドでは昔から、入浴、洗濯、調理に地熱が使われてきたと言われている。1910年代、工業的システムによる地熱活用が本格化し始めると、地熱井から熱水を汲み上げ、熱供給配管を通じて各家庭の暖房として地熱供給が始まる。その後、温室や温水プール、産業プロセス用熱源、漁業、融雪、地熱発電とその利用範囲は拡大していく。首都レイキャビークの名前は、西暦700年代にアイスランドにヨーロッパ系住民が移住してきたころ、噴気孔からの湯けむりを炎の煙と間違えて、「煙たなびく湾」という意味で名付けられたという。また、第二次世界対戦後アメリカ人が残した家屋に移住した人々を「蛇口をひねっても水しか出ないみじめな家に住む人々」と形容した逸話も残っている（小林、2001）。それら一連の地熱利用の流れの中でも、特に大きな転換点と言えるポイントが二つ挙げられる。一つは、1970年代を起点とする地熱暖房の拡大、もう一つが1990年代以降の地熱発電の導入拡大である。

2. 1970年代：温水の需要過多による環境負荷問題

アイスランドは日本と同様、化石資源を持たない。そのため、長らく輸入石炭や石油も用いられてきた(図2)。そして1973年に発生したオイルショックは、

図2　1940年頃、まちが石炭による煤でくすんでいるレイキャビク市中心部
(提供：レイキャビクエナジー社)

当時、家庭や職場における暖房用熱源のおよそ半分を石油によって供給していたアイスランドにも大きな影響を与えた。政府は国内エネルギーの活用に目を向け、地熱と水力の利用推進が決定される。地熱資源調査への補助と地熱暖房向け生産井掘削のための基金が設けられ、仮に掘削が失敗し熱水の生産ができなかった場合でも、掘削費用80%が補償される仕組みを導入する。

(1) 一般家庭向け熱利用の普及

その結果、それまで、プールや産業プロセスなど、一カ所あたりの熱需要量が比較的大きな場所を中心に利用されてきた地熱資源が、各家庭向けなどにも広く行き渡り始める。図3は暖房用熱源に使われるエネルギー種別を時系列で示したものであるが、政府の取り組みにより1970年代以降、石油から地熱に移行していったことが見てとれる。そして、もう一つの転換点となるのが1990年代以降の地熱発電の導入拡大である。実は、この状況が生まれる一因となったのが、1970年代以降に開発された暖房用地熱資源の使い過ぎである。

(2) 人口密集地から郊外へ、熱水製造施設の移設

1970年代以降に相次いで開発された暖房向け生産井の多くは都市近郊で掘削されたが、1980年代後半になると、それら井戸において地下水位の低下が観測されるようになる。地熱水の生産が増え、地下水系のバランスが崩れたため、

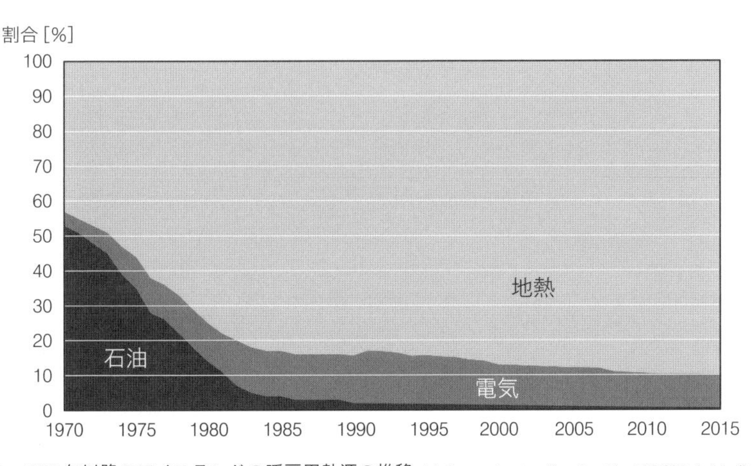

図3　1970年以降のアイスランドの暖房用熱源の推移（出典：アイスランドエネルギー局資料をもとに作成）

持続的な地熱水供給が難しくなってきたのだ。そこで、人口密集地の“外”に地熱生産井を設け、そこから地熱を取り出し供給するシステムへの変更が検討された。それが、地熱の豊富な郊外より地熱によって暖められた地下水を運ぶシステムであり、90年以降、導入されていく。1990年、アイスランドの首都レイキャビークから東に30kmのネシャヴェトリル（Nesjavellir）に300MWの熱供給容量を持つ熱水製造施設が建設され、運用が開始される。また、レイキャビーク郊外40kmのヘトリスヘイジ（Hellisheidi）には2010年に130MWの熱水製造施設が建設され、パイプラインによる首都への送水が開始されている。

(3) 20年の遅れをとっていた地熱発電

一方、アイスランドにおいて初めて地熱発電が導入されたのは1969年である。北部ビヤルトナルフラグ（Bjarnarflag）において3MWの設備が導入され、以降、77年に北部クラプラ（Klafla）で30MW、そして、〈スヴァルツェンギ（Svartsengi）発電所〉で1MWタービンが78年に運転を開始する。なお、〈スヴァルツェンギ発電所〉では、汲み上げた地熱排水を利用して、アイスランド有数の観光「温泉」施設「ブルーラグーン」がつくられた（図4）。しかし、以降およそ20年間にわたり、〈スヴァルツェンギ発電所〉における段階的な発電容量の増加を除き、アイスランドでは地熱発電所の開発は行われなかった。

図4　ブルーラグーンと〈スヴァルツェンギ発電所〉(提供:ブルーラグーン社)

3. 1990年代：熱水製造地の基盤を活用した地熱発電開発

90年代後半に入ると、需要側の電力要求と供給側の開発環境が満たされ、相次いで地熱発電所が建設され始める。

(1) アルミニウム産業からの需要

需要側においては、アイスランドの安価な電力を利用したアルミニウム精錬工場の建設・増設が90年代後半より相次ぐ。地熱発電によって電力を安価で供給できるようになったアイスランドは、電力を輸出すればよいようなものだが、残念なことにヨーロッパ大陸と電力系統が連系していない。そこで、電力を多く消費するアルミニウム精錬に目をつけ、“電力”をアルミという“製品”に変換して、輸出し始めた。

(2) ローリスクが可能にした供給

供給側では、1970年代より実施された地熱探査の成果と、熱水供給に向けた地熱開発ノウハウの蓄積がなされた。というのも、地熱発電に必要な蒸気の生産は、どの地点でも可能なわけではない。地下で熱せられた地下水をエネルギー密度の高い蒸気として取り出せるか、エネルギー密度の低い熱水でしか取り出せないかは、最終的に試験井の掘削を行って判明するためだ。その意味で、十分な熱水需要のもと熱水製造のための大規模な地熱開発が先んじて行われたことは、地熱発電開発リスクを低減することにつながっている。例えば、1990年に熱水製造設備が設置されたネシャヴェトリルには7年後の1997年に60MWの地熱タービンが設置され、以降容量は順次拡大し、2017年現在、120MWの〈ネシャヴェトリル地熱発電所〉となった。また、ヘトリスヘイジも当初90MWであった設備容量は2016年現在、303MWとなり、熱水供給設備とともに運用されている。図5にアイスランドの地熱発電容量の推移を示すが、半分以上の設備が最近10年以内に導入され、その多くは地熱水供給施設を併設している。これら一連の取り組みの結果、アイスランドの一次エネルギー供給は80%以上が地熱と水力で賄われ、再生可能エネルギーが台頭するに至った（図6）。

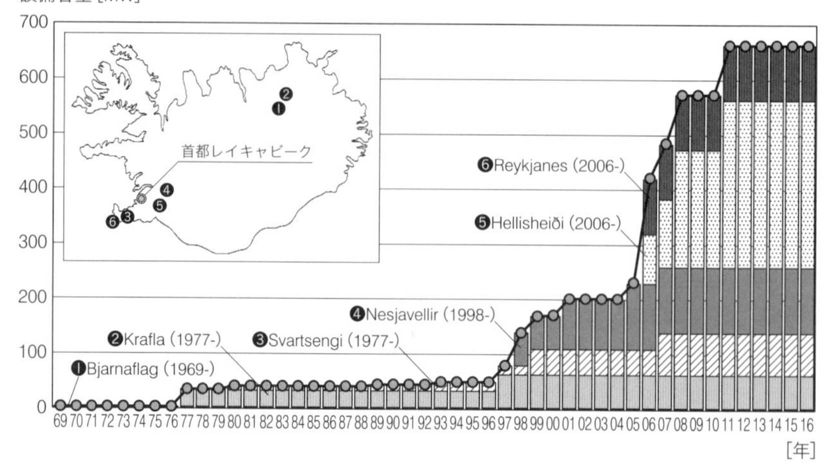

図5　アイスランドの地熱発電所の設備容量の推移（出典：アイスランドエネルギー局資料をもとに作成）

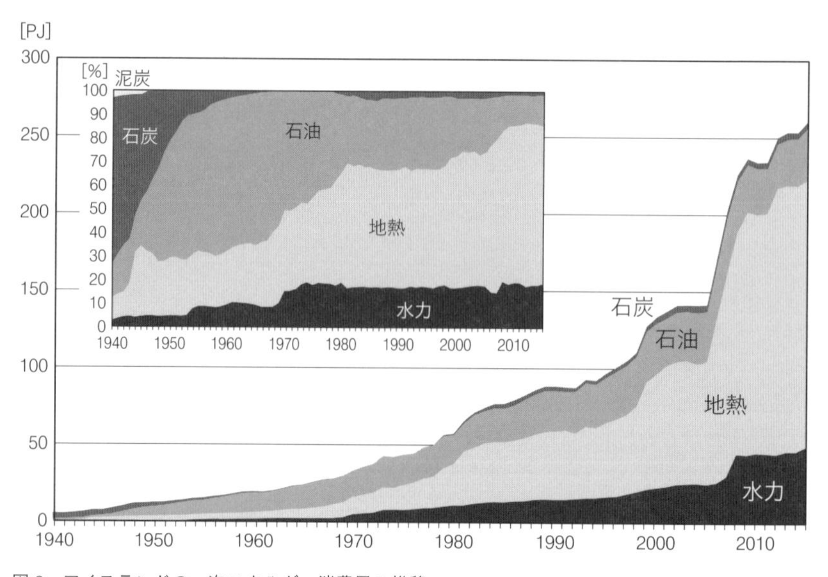

図6　アイスランドの一次エネルギー消費量の推移（出典：アイスランドエネルギー局資料をもとに作成）

4. アイスランドの地熱開発と地域社会との共生

アイスランドにおいて長らく行われてきた暖房用地熱井の開発は人口密集地など、すでに人の手が入った場所で行われてきた。しかし、直近20年で進んだ地熱発電の開発は人口密集地から離れた郊外で行なわれており、自然環境に新たに手を加える点で、それまでの地熱利用とは異なる。例えば、新たに開発された熱水供給設備、地熱発電設備はそれまで人口密集地で掘削されてきた地熱井の開発などに比べて規模が大きい。また、発電、熱供給を行うための蒸気生産井および熱を使った後に地熱水を地下に戻す還元井の長期間の維持や、必要に応じた追加掘削なども必要であり、かつ長距離にわたるパイプライン、送電線など付帯設備も必要である。そのため、1990年代以降の地熱開発では環境への配慮が特に重要視され、自然環境と共生するための対策が講じられてきた。そして、その議論の中心に位置付けられていたのが「再生可能エネルギー資源の利用のためのマスタープラン」であった。

ここで、地熱発電をはじめとする再生可能エネルギーマスタープランがアイスランド国内でどのように策定されたのか、見ていきたい。

5. 再生可能エネルギーの普及を支える法の整備

アイスランドでは1971年、「環境保護法(nr. 47/1971)」が制定された。それ以降、産業省、国家電力会社、エネルギー局、自然保護評議会などによる委員会において、発電所計画における自然保護について話し合いが持たれるようになる。しかし、それらは個別事案についての対応に留まり、エネルギー政策と自然環境保全政策の両面を踏まえた国家的見地に立つ、包括的な見解が不足していた。

(1) 高まる水力および地熱への期待

一方、1990年の環境省設立および1993年に成立した「環境影響評価法(nr. 63/1993)」以降、国家全体でエネルギー開発を進めるため、自然環境保護を考慮した総合計画が求められるようになる。1993年には環境省内に環境、産業振興、エネルギーに関するワーキンググループ(WG)が設置される。ワーキンググループでは、水力・地熱開発エリアにおける持続可能な開発の定義と、長期・短期の目標設定、そして水力におけるマスタープランの作成を政府に提言した。これを受けて政府は1997年、水力と地熱分野におけるマスタープランを2000年までに作成するというアクションプランを採択する。アクションプランには「商工大臣は環境大臣と協力し、水力および地熱利用における長期的なマスタープランを2000年までに作成すること。マスタープランでは環境、エネルギー、産業、観光など既存経済活動との方向性を合致させることと記述された。以降アイスランドでは、20年にわたり、水力および地熱資源活用に向けたマスタープラン策定に取りかかることになる。

(2)「再生可能エネルギー資源の利用のためのマスタープラン」

1997年以降行われたマスタープラン策定作業は、大きく三つのフェーズに分けられる。1999～2003年をフェーズ1、2004～2010年をフェーズ2、2013～2017年をフェーズ3と呼ぶ（当初マスタープランは2000年に終了する予定であったが、実際には1999年に着手された）。

ここまで長期化したのは、運営委員会が予期せぬ追加投資への対応を迫られ、マスタープラン策定作業を段階的に分けるよう政府に提案したためである。というのも、マスタープラン策定の判断材料として電力会社およびエネルギー局から推薦された約100のプロジェクトにおいて、それらを評価する指標の整備が不十分であったことが後々明らかになり、追加のデータ収集・調査が必要となったのである。

・フェーズ1：自然環境への影響評価

結局、フェーズ1においては19の水力発電所、24の地熱発電所について、運営委員会の下に設けられた①～④の四つのワーキンググループ（以下、WG）によって検討を行った（①自然・環境・文化遺産、②レクレーション・漁業・狩猟・農業、③社会及び経済への影響、④発電ポテンシャルと開発に対する費用対効果）。各WGで指標の重み付けと各プロジェクトの評価が行われ、最終的に、環境への影響、今後50年で得られる総利益、開発に対する費用対効果の三つの観点について5段階評価が行われた。特筆すべきは、環境への影響が最も小さいと評価された19のプロジェクトのうち15が地熱発電であったことだ。これにより、アイスランドでは地熱発電が水力発電に比べ自然環境への影響が小さいと考えられるようになる。ただし、フェーズ1の最終報告書では指標による評価のみが行われ、個別のプロジェクトに対する開発および保護に関する勧告はなされていない。

・フェーズ2：マスタープラン法の制定

フェーズ2は2004年より準備作業が開始される。フェーズ2での目標は、新たな調査によって複数の開発地を洗い出すことであり、さらに、フェーズ1において評価が十分ではなかった候補地点の評価見直しであった。とりわけ、アイスランドの中央部に位置する地熱資源も含め、地熱貯留層の評価方法ならびに地熱エリアの景観を改善することにも焦点を当て、すべての地熱プロジェクト候補地点が再評価されることになる。2007年、商工省、環境省、NGOなどから選出された運営委員会が組織され、フェーズ1と同様四つのWGによる議論が行われた。その結果、提案84カ所についての開発優先順位が商工省および環境省に対して示される。その後、商工大臣と環境大臣はフェーズ2運営委員会の勧告に従い、2011年に「自然保護とエネルギー利用に関する法律（通称：マスタープラン法 nr. 48/2011）」を提出し、可決される。なお、マスタープラン法においてはフェーズ2において検討された84カ所のプロジェクトについて、特別法による保護区域内に位置した13カ所とすでに開発許可が出されていた2カ所を除く69カ所を「開発可能」「要追加調査」「保護すべき」の三つのカテゴリーに分類し、「開発可能」22カ所（内、地熱16カ所）、「要追加調査」27カ所（内、地熱8カ所）、「保護すべき」20カ所（内、地熱は9カ所）を指定、その是非を問うパブリックコメントが行われた後、2013年に修正可決された。

6. 開発行為に通底するアイスランドの環境保全意識

ここでアイスランドの環境保全の考え方について触れておく。アイスランドでは自然環境保全を大きく、特別法による保護区と自然維持行動法による保全区に分けている（図7）。保護区（図中斜線部）はそれぞれの地区に対する特別法が制定され、例えば、「ブレイザフィヨルズル海岸保全法（nr. 54/1999）」「南シンクエイのミーヴァトン湖およびラクスアゥ川保全法（nr. 97/2004）」「シンクヴァトラヴァトン湖および流域面積保全法（nr. 85/2005）」「ヴァトナヨーク

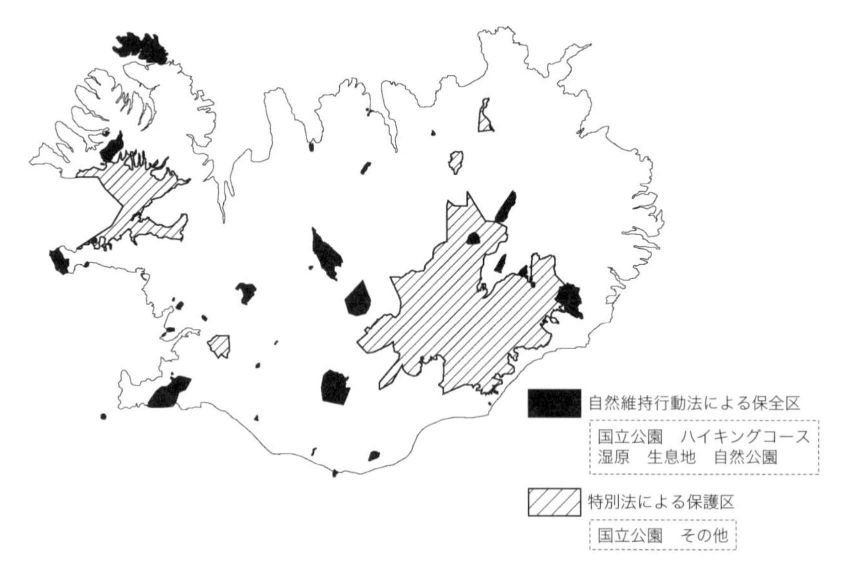

図７　アイスランドにおける環境保護区域（出典：アイスランド環境省資料をもとに作成）

トル自然公園法（nr. 60/2007）」などがそれに当たる。これらの地域では、保護区の境界が厳重に担保され、マスタープラン法の指定においてもその考え方が踏襲されている。一方、保全区（図中黒抜き部）は「自然維持行動法（nr. 44/1999）」によって規定された区域であり、ハイキングコースなど観光産業として活用される場合、既存の経済活動と自然環境保全とのトレードオフが行われる。

なお、アイスランドのマスタープランにおいて地熱開発が議論されたエリアの多くは、生活の場から離れており、日本の温泉事業のように地熱を直接活用する事業者と調整が必要となるケースはアイスランドでは見られていない。

・フェーズ３：新規分野の開拓へ

その後、2013 年に新たなマスタープラン運営委員会が組織され、フェーズ３が開始される。フェーズ３では、フェーズ２において適切に分類できなかった資源についての評価を進めることであり、新たに風力発電などの検討も行われている。フェーズ３は 2017 年までの期間で実施される予定であり、今後、結果が公表されると思われる。

このように、アイスランドでは自国資源の活用をマスタープラン作成という形で、さまざまなステークホルダーとおよそ 20 年にわたる議論を行ってきた。

これら一連の取り組みが、地熱資源をはじめとする再生可能エネルギー資源活用の合意形成に対し、有効に働いてきたと考えられる。

7. 地域社会と共生する地熱大国として

以上、アイスランドの地熱開発がどのように地域や社会との共生を図りながら発展してきたかを述べた。アイスランドの地熱開発は、熱水供給を基盤に置きながら、その後、大規模な地熱発電へ発展する。そして、地熱発電によって得られた電力は生活を支える基盤となるだけでなく、アルミニウム精錬工場の電力需要を満たし、アイスランドの経済成長基盤を築いた。また、地熱水は暖房利用や温水プール、漁業や融雪など幅広く利用され、国民の福祉の向上に寄与している。

一方で、アイスランドでは同国の地熱資源開発をさらに進めるため、長期的展望に立ったマスタープランを必要と考え、過去十数年にわたる議論を行ってきた。その結果、2013年に開発可能区分を含めたマスタープラン法の修正案が可決されるに至った。

将来さらなる電力需要が確保されれば、マスタープランに基づいた地熱開発が順次行われ、地熱大国としての地位をより強固にしていくだろう。このように、アイスランドは、単に地熱資源が豊富だから、または人口が少ないから地熱大国になったのではなく、100年以上にわたる地熱活用の歴史と、20年以上の議論の積み重ねの上に現在の状況がある。ここに目を留めておくことは、わが国の地熱活用のヒントとなるかも知れない。

参考文献

- IBP, Inc.（2016）*Iceland Energy Policy, Laws and Regulation Handbook Volume1*
- Björnsson, S., Steingrímsson, B., Ragnarsson, Á., Adalsteinsson, H.（2016）“Master Plan for Geothermal and Hydropower development in Iceland”, *UNU-GTP and LaGeo in Santa Tecla, El Salvador*
- アイスランドエネルギーマスタープランHP（アクセス日：2017年5月31日）http://www.ramma.is/
- 木村誠一郎・伊藤敦基（2012）「アイスランドにおける地熱開発に関する環境アセスメント」『環境アセスメント学会誌』Vol.10、No.2、pp.35-42
- 小林理子（2001）『アイスランド紀行 ―氷と火の島から』彩流社

ニュージーランド：効率的な合意形成を可能にするプランニングシステム

柴田裕希

1. ニュージーランドにおける地熱開発

ニュージーランドは火山地帯に位置し、豊富な地熱資源が存在する国である。主な地熱資源の中でも、200℃以上の地熱発電に適した資源を有する地域は、北島の特にワイカト（waikato）広域自治体にあるタウポ火山地帯（Taupo Volcanic Zone）に集中している（図 1）。

ワイカト広域自治体は国内の高温地熱資源の約 80% を管理し、高温の規模の大きな貯留槽が 15、小規模な貯留槽も 30 ほど点在し、国のエネルギー政策においても重要な位置付けにある。また、北島はニュージーランドの先住民族であるマオリ族（Maori）が昔から多く居住しており、彼らは昔から温泉の湧出する地域を神聖な場所としてきた伝統を持っている。そのため、マオリ族の資源開発・利用・保護に関する考え方は、近年のニュージーランドにおける資源開発に大きな影響を与えている。加えて、この地域では年間 250 万人の観光来訪者を迎えており、地熱は観光利用という点でも重要な地域資源となっている（図 2）。

本節では、このワイカト広域自治体における地熱開発のプランニング・プロセスを基に、科学的な客観性と地元関係者の合意形成の効率性を両立する工夫について見ていく。

図１　ワイカト広域自治体の地熱分布（出典：ワイカト広域自治体（Waikato Regional Council）、2016）

図２　ワイカト広域自治体における観光利用される地熱資源（地熱地帯公園の散策路（上）と温水プール施設（下）の様子）

2. 地熱資源利用の法的な位置付け

そもそもニュージーランドの行政機構は、大きく国、広域自治体、基礎自治体の3階層に分けられる。このうち広域自治体は、流域を基準にして全国に12ある。本節で紹介するワイカト広域自治体は面積にして2万5,000km^2、43万の人口を擁しており、域内の天然資源の利用と保全に関しては、具体的な政策・計画を先進的に策定している。

一方、地域のコミュニティ単位で住民サービスの提供や土地利用、社会インフラの整備を主な役目とするのが、広域自治体の下位に位置付けられる基礎自治体であり、ニュージーランド全体で74存在する。

ニュージーランドでは1991年に、天然資源の管理法を一本化する法律である「資源管理法（Resource Management Act、以下RMA)」が制定された（表1)。この法律では、地下の熱水といった地熱資源も管理対象に含んでおり、1990年代以降の地熱発電開発に大きな影響を及ぼした。RMAでは、広域自治体による地域政策および地域資源計画の策定が義務付けられ、地熱資源に関しては、地熱系の分類および開発適正区域の設定が行なわれるようになった。

具体的には、RMAは先に述べた国・広域自治体・基礎自治体という3階層の行政機構に対して、国内の自然および物理的資源の"持続可能な管理"を義務付ける法律である。そして、"持続可能な管理"のために達成されるべきは、「将来世代のニーズ」「生態系の生命維持機能の保護」「有害な影響への対処」の3点であると掲げられている。

そのためにまず、①国の機関である環境省に対しては、国家政策および国家

表1　ニュージーランドにおける資源管理に関する経緯

時期	資源管理の法的な位置づけ
1960年代以降	中央政府による全国地熱資源調査
1991年	資源管理法（RMA：Resource Management Act）制定： 法により資源利用と保全配分方針が明確化
1990年代後半	電気事業者の部分的民営化
2011年	資源管理政策の策定（国政府）： ・法的に再生可能エネルギーとして位置づけ ・政府目標ー2025年までに全電源の90％を再生可能エネ （当時、国内全発電4万3,000GWhのうち再エネは72％：水力＝53％、地熱＝14％、風力＝5％、バイオマス＝1％） ・現在、地熱と風力を重点政策

環境基準の策定を義務付けている。さらに、②広域自治体には、国家政策と国家環境基準に合致する「地域資源政策（Regional Policy Statement）」および「地域資源計画（Regional Plan）」の策定を求めている。③地区自治体には、市町村レベルとして、地域資源政策と地域資源計画に合致する「地区計画（District Plan）」の策定を義務付けている。

このように、RMAの制定によって、行政や事業者の義務行為が明確化され、地熱資源利用の計画が法的に位置付けられた。これにより、ニュージーランドでは1990年代後半と2000年代にかけて地熱開発が大きく前進し、1990年代半ばに280MWだった発電容量は、2010年末時点で747MWにまで増加した。

3. 広域自治体における資源開発のプランニング

RMAは政府、広域自治体、事業者にそれぞれ役割を課しているが（表2）、なかでも最も責任が重いと考えられるのは、広域自治体の役割である。詳細を見ていこう。

(1) 資源利用許可申請の承認業務

前述した政策・計画の策定義務に加えて、地域内の自然資源（大気、水、土地を含む資源を指し、この中に地熱も含まれる。ただし、鉱物は別途個別法にて規定される）の資源を開発する場合には、「資源利用許可申請の承認業務」も課せられている。

表2 RMAによって各主体に義務付けられている行為

主体	義務
環境省	・国家政策の策定 ・国家環境基準の策定
保全省	・沿岸政策の策定
広域自治体	地域内の自然資源および物理的資源の管理 ・地域資源（RPS）政策の策定 ・地域資源計画（RP）の策定 ・資源開発許可（RC）申請の承認業務 ・専門家委員会（Peer Review Panel）の設置
地区自治体	地域内の土地や交通など、生活に密着したサービスの管理 ・地区計画の策定
事業者	・開発における資源利用許可申請の取得 （資源利用許可申請取得のための環境影響評価の実施）

(2) 専門家委員会の設置義務

政策・計画の策定や開発手続きの際には、専門的な知見から意見を提出する「専門家委員会（Peer Review Panel）」を設置することも、広域自治体の義務である。そのほか、事業者からの資源開発に関する情報収集なども含めた、地域内の資源開発手続きに関する一切の窓口を、広域自治体が担っている。

(3) 開発事業者への資源開発許可取得義務

開発事業者に対しては「資源開発許可（Resource Consent）」と呼ばれる許可の取得が義務付けられていることにより、その資源を管理する広域自治体から取得する仕組みになっている（図3）。

この資源管理許可の申請書類には「環境影響評価（AEE：Assessment of Environmental Effect）[注1]」の書類も含まれているため、必然的に事業者は開発を行う過程で環境影響評価の実施を行うことになる。

以上の行為は、すべて法的な義務である。違反すれば、行政機関であっても訴追される可能性がある。このようにニュージーランドでは、法的拘束力を持

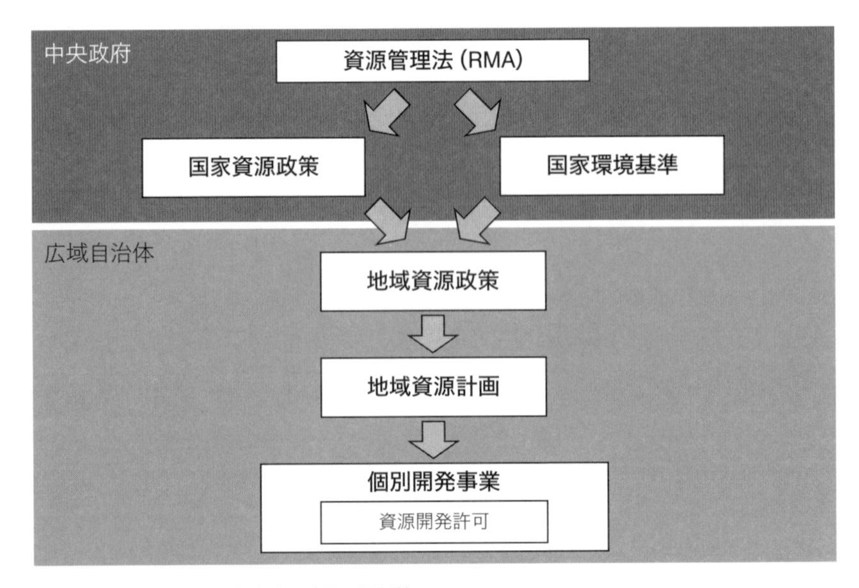

図3　地熱開発に関わる各政策・計画の関係性

たせることによって、資源開発・利用・保護に関する行為が公正に実施されるような仕組みがつくられている。

(4) 法的拘束力が可能にする“持続可能な管理”

地域資源に関する政策・計画の策定が義務付けられている広域自治体にとって、それらの政策にまつわる資源管理の課題を明らかにすることも重要な責務とされる。

政策の目的である、資源の“持続可能な管理”が達成されているかを見極めるため、適切な開発方法を採用できているか、影響評価の結果を広く示せているかというフィードバックを欠かさず、常に公正な利活用をモニタリングすることが求められている。そして、このモニタリングの方法を記載することも義務付けることで、確実な運用を実現しているのである。

4.「地域資源政策」による資源管理と効率的な合意形成

さらに理解を深めるため、ワイカト地域の「地域資源政策」の内容を見ていきたい。

まず構成だが、第1章：政策の背景、第2章：資源管理プロセス、第3章：地域における重要な資源管理問題・目的・政策・手法、第4章：地域政策の達成目標とモニタリング、の全4章からなる。

第1章：政策の背景

地域資源政策全体に関する概要になっており、地域住民向けに、政策の目的や実施のプロセス、影響を及ぼす範囲などが紹介されている。ニュージーランドでは先住民のマオリを尊重していく国家政策を示していることから、マオリの自治区が設けられており、これらは政策が及ばない地域として明示される。

第2章：資源管理プロセス

伝統的にマオリが居住する地域があるため、その地域への対応が示されている。ワイカト広域自治体に居住しているマオリの部族の一つであるタンガタフェヌア（Tangata Whenua）と、自然資源および物理的資源の関係性についても協議の内容が示され、負の環境影響が発生する可能性や地域内の社会的、文化的、経済的価値の変動など総合的なアセスメントについても評価が示されている。

第３章：地域における重要な資源管理問題・目的・政策・手法

天然資源の管理に加えて、生態系や建築物、鉱物、文化遺産などについて、それぞれの課題や利用および保全の目標、実施方法が提示されている。この中には、資源利用者を含む地元の関係者間でコミュニケーショを図る方法なども記載される。

第４章：地域政策の達成目標とモニタリング（表３）

地域政策のモニタリング活動および、それらの結果による政策の見直しについて定められる。各種資源のモニタリングに加えて、隣接地域・資源利用者・住民とのコミュニケーションの状況と協議の結果なども示される。

（出典：ワイカト広域自治体（Waikato Regional Council）、2016）

ワイカト広域自治体の地域資源政策では、上記の内容に加えて地中の地熱系（貯留層）を５段階に分類し、それぞれの段階に応じて開発の基準を設けている（表4）。

規定されている地熱系（貯留層）分類は、①開発（Development）、②限定的

表３　地域資源政策におけるモニタリング活動

モニタリング項目	モニタリング内容
資源管理プログラム・戦略の評価	プログラム・戦略の目的との整合性
	達成するために必要な更なる活動について
環境モニタリング活動によって収集された情報の評価	地域資源政策に規定されている、環境影響に関する年次毎のモニタリング結果およびその課題
	環境モニタリング活動によって収集された情報の５年ごとの情報要旨報告書の作成
目標・政策の評価	目的または政策を達成度合い
隣接する地域・資源利用者・住民との調整結果	資源利用者を含む主要な団体・個人との２年ごとに協議し、その結果を示す
	地域内の協力状況の評価
	より良い資源管理体制構築に向けた資源管理者・資源利用者・住民の交流および意思決定またその決定までの手続きの改善についての協議

（出典：ワイカト広域自治体（Waikato Regional Council）、2016）

表4　ワイカト広域自治体における地熱系の分類

地熱系の種類	特徴
Development ①開発	できる限り環境負荷の少ない、持続可能な開発方法を用いた地熱発電の開発が可能
Limited Development ②限定的な開発	重要な地熱特性を含んだ地熱システムへの影響が確認されない場合のみ開発が可能
Research ③調査	地熱システムの特性を保護するため、特性に影響を与えない小規模な調査行為のみ可能
Protected ④保護	開発は原則禁止で、地熱を利用するための開発以外にも、地表面に影響を与えられると考えられる土地利用も禁止されることがある
Small ⑤小規模	地熱発電には適していない低温または小規模な地熱システムで、限定的な開発は可能

（出典：ワイカト広域自治体（Waikato Regional Council）、2016）

な開発（Limited Development）、③調査（Research）、④保護（Protected）、⑤小規模（Small）である。地域資源政策（RPS）では、地熱系の分類についての記載のみになっている。

5.「地域資源計画」による開発地の選定

ワイカト広域自治体では、この地熱系（貯留層）の5段階の分類を基に、開発事業者への資源管理許可を行っている。

これらの分類は、地域資源計画の見直し時に変更されることがあるが、モニタリングとアセスメントの結果という科学的データに基づく根拠が必要となる。

ワイカト広域自治体は、このような分類マップを市民や事業者などが閲覧できるように積極的に整備している。地域資源計画の策定前には説明会や意見募集を行うなどの参加プロセスが必須となっているため、地元関係者間の効率的な合意形成を実現する役割をはたしている。

また、この地熱系（貯留層）の分類は、事実上の開発ゾーニングマップとなっている（図4）。このゾーニングマップ的な役割に関しても、行政が科学的データや地元の意見を反映し、さらに専門家委員会の議論を経て作成しなくてはならないことから、中立的な立場での地熱開発の管理を可能としている。

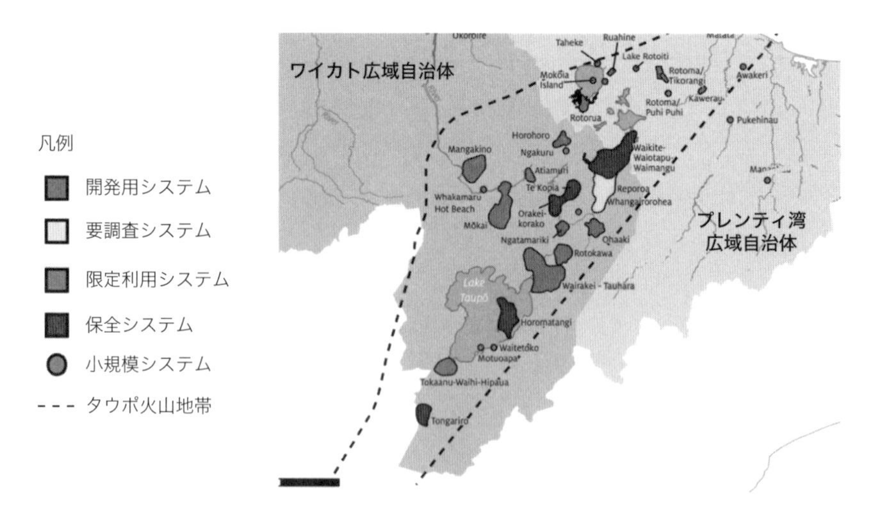

図４　ワイカト広域自治体が作成したゾーニングマップ（出典：ワイカト広域自治体（Waikato Regional Council）、2016）

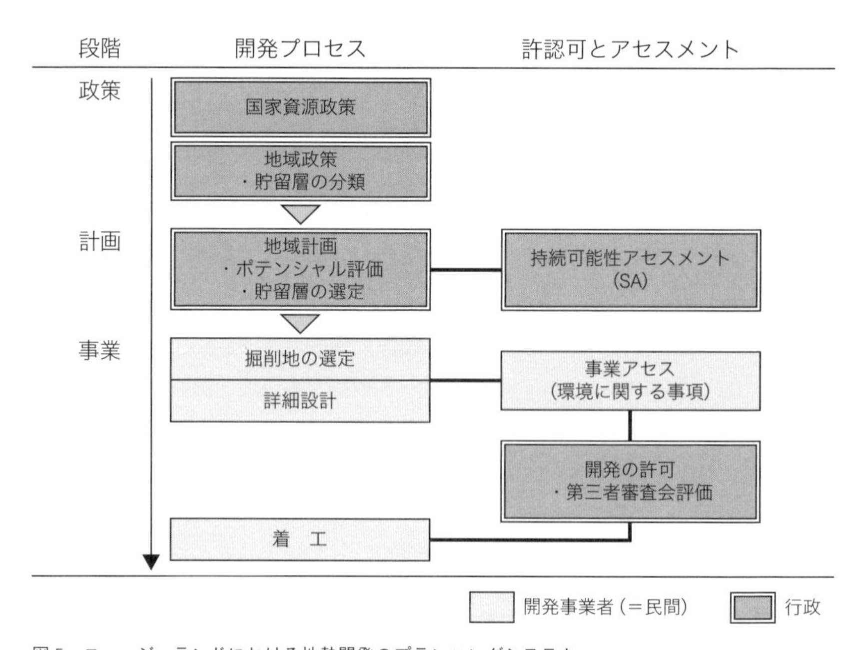

図５　ニュージーランドにおける地熱開発のプランニングシステム

6. 政策レベルでのプランニングシステムの工夫

以上のニュージーランドにおける地熱開発のプロセスを整理すると、政策や計画による公共主体、とりわけ広域自治体の関与が重要であることがわかる(図5)。

特に、民間の開発事業者が個別の計画を練り、開発許可申請をする前に「地域資源政策」「地域資源計画」が策定されている。また、それを広域自治体が管理している。つまり、個別開発の前段階で、中立的な公共主体が資源を持続的に利用するという観点から政策や計画を作成することが可能になっているのである。同時に、早い段階から多面的なアセスメントを実施していくことで、科学的根拠も強化される。

またこれらの政策プロセスを通じて、自治体、マオリ、その他利害関係者（ステークホルダー）間のコミュニケーションが図られている。

このように、法的拘束力を有しつつ、多面的な持続可能性アセスメントを用いながら、合意形成を図っていくというシステマチックな地熱開発の政策ツールは、わが国にも大いに参考になると考えられる。

注

注1　環境影響評価（AEE：Assessment of Environmental Effect）
　わが国の環境影響評価（環境アセスメント）の評価書に該当する。

参考文献

・水野瑛己（2012）「ニュージーランドにおける地熱発電 ―日本への教訓―」自然エネルギー財団

・竹前由美子（2013）「地熱発電開発におけるリードタイム削減の方策 ―アイスランド、ニュージーランドを事例に―」日本総合研究所

・Shibata, Y., Tsukimura, Y. and Takemae, Y. (2015) “SEA approaches for Geothermal Development in Japan and New Zealand ―Comparison of Development Processes―”, *IAIA Annual Conference 35*

・ワイカト広域自治体(Waikato Regional Council) (2016) “The Waikato Regional Policy Statement (Te Tauākī Kaupapa here ā-Rohe)”

アジア諸国：
問われる政府のリーダーシップ

安川香澄

1. アジア諸国における地熱開発促進ガバナンス

日本では長らく停滞が続いてきた地熱開発だが、世界の地熱発電量（図 1）は、1980 年代の急上昇に続いて 1990 年代ごろから直線的に増加し、2010 年以降はさらに増加している。地域別に見ると（図 2）、火山やマグマのイメージの少ないヨーロッパでも、再生可能エネルギー促進の波に乗り、2005 年ごろから地熱が伸びている。ヨーロッパの一般的な地熱資源は日本などのアジア諸国に比べれば「中低温」だが、比較的低温でも発電可能なバイナリー発電を進めているのだ。一方、アフリカでも近年の著しい伸びが見られる。この背景には、ケニア政府が外国資金と技術を呼び込んで大々的な地熱開発計画に着手したことがある（Omenda and Simiyu, 2015）。

(1) アジアにおける地熱開発の障壁

一方、アジアは 2000 年まではアメリカに追いつく勢いで伸びていたが、それ以降は次第に伸びが鈍化し、フィリピン、インドネシアといった地熱発電大国も伸び悩んでいる。その背景には何があるのだろうか。

筆者らは、2013 年から東・東南アジアの国々とともに地熱利用に関する共同研究を行っている。その目的は、地熱開発・利用に関する現状と課題を把握し、問題解決のための政策提言を行っていくことだ。その一環として、地熱発電を

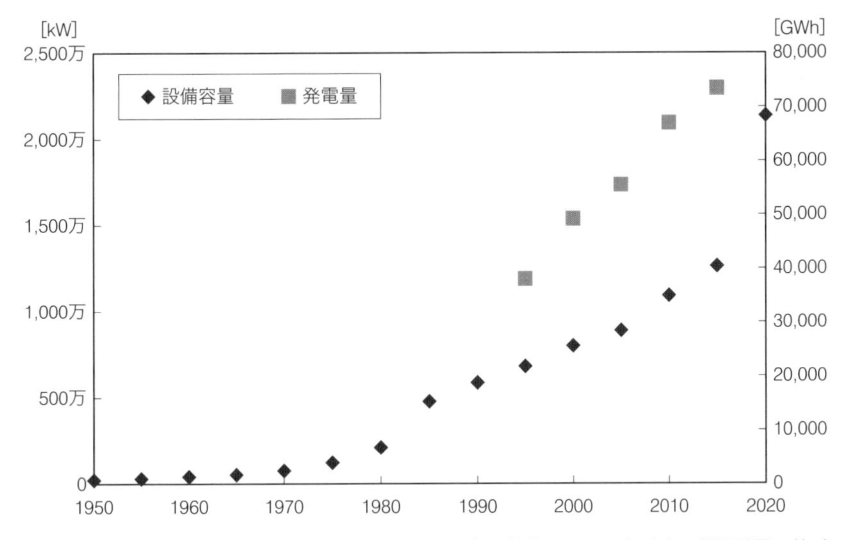

図1　世界の地熱発電設備容量と発電量の増加。2020年の数値は、2015年時点の開発計画に基づく予測値（出典：Bertani, 2015）

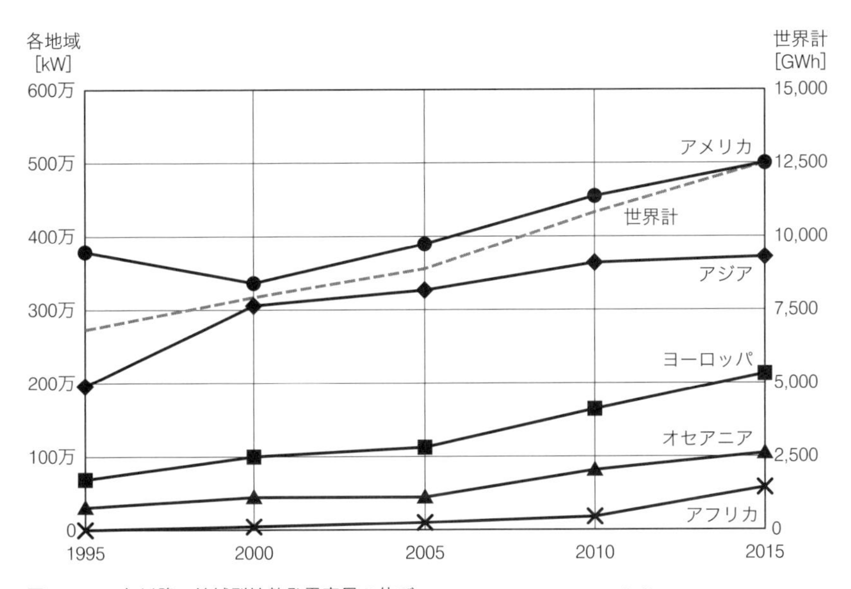

図2　1995年以降の地域別地熱発電容量の伸び（出典：Bertani, 2015をもとに作成）

表1　地熱発電利用を妨げる障壁。中国、インドネシア、日本、韓国、マレーシア、タイ、フィリピン、ベトナムの研究者が挙げた項目

カテゴリー	具体的な障壁
政策	国家のエネルギー政策
	経済的優遇措置の欠如・不足（補助金、固定価格買取制度、減税、等）
	研究開発費の欠如・不足
	過剰な国内産業の保護（国外技術・製品の禁止等）
社会	専門家不足
	知名度の低さ
	知識不足、誤認識
	ビジネスモデルの欠如・不足
	他の土地利用との競合
	社会的受容性の問題
法制度	環境関連（国立公園、国有林など森林保護、等）
	登録（許認可）制度またはビジネス制度上の問題
	優遇措置の欠如（環境またはエネルギーセキュリティの面から）
経済	探査コストの高さ
	売電（売蒸気）価格の低さ
	銀行からの融資または政府援助の欠如・不足
技術	情報・経験の欠如・不足（一般的に）
	探査技術上の問題
	データ統合・解釈上の問題
	掘削の問題
	スケール、腐食の問題
	貯留層管理の問題

（出典：ERIA, 2017）

妨げる障壁を各国から挙げてもらい、政策、社会などのカテゴリー別に分類したところ、ほとんどの障壁が複数の国に共通していた（表1）。

(2) 技術障壁と社会障壁

さらに、表1の各カテゴリーの重要度を国ごとに調べた結果（図3）、技術障壁が高い国は社会障壁が小さく、技術障壁が低い国は社会障壁が高い、という傾向が表れた。これは、地熱開発が進んでいない国では、知識・技術面の問題が大きく、地熱開発が進み技術障壁はある程度クリアしている国ほど、社会的受容性など社会障壁が顕在化しているためだと考えられる。従って、現時点では社会障壁が低い国でも、将来的に地熱開発が進めば社会障壁が上がる可能性が高い。地熱を導入するためのガバナンス全体の方向性も、国内の開発状況に

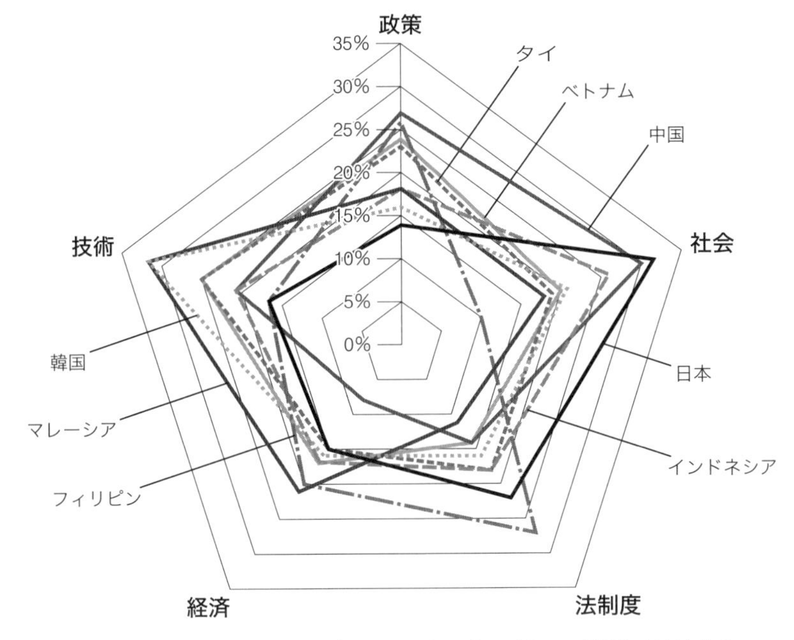

※各国の障壁のカテゴリー別重要度を%で示す。5カテゴリーの合計は100%となる。

図3　各国における地熱発電を妨げる障壁のカテゴリー別重要度。各国の障壁のカテゴリー別重要度を%で示す。5カテゴリーの合計は100%となる（出典：ERIA, 2017）

よって変化すべきだろう。

ただし、フィリピンは、この一般的傾向に反している。アジア随一の地熱発電先進国フィリピンでは、次節で述べるように社会的受容性向上のための多大な努力が行われてきた結果、社会的障壁が最小となっている一方、発電事業が民営化された現在、法制度の不備が最大の障壁となっている。以下、フィリピンをはじめ、アジア各国の地熱開発やそれを取り巻く制度設計や合意形成などの社会状況がどのような段階にあるか、具体的に見ていこう。

2. アジア各国の動向

(1) フィリピン

2015年のフィリピンの地熱発電は、国内発電設備容量の10.8%、発電量の13%を占め、設備容量は世界第2位（187万kW）である（Fronda, et al., 2015）。

同国では旧来、政府主導で地熱開発が進められ、2000年ごろまでは世界1位のアメリカを抜く勢いで地熱開発が進んだが、電力事業の民営化後、地熱開発は鈍化した。

1. 地熱発電はすでに優遇措置の対象外

新規地点は経済性の低い地域が多く、特に強酸性の地熱流体による問題（酸性腐食を防ぐために配管・機器への特殊コーティングが必要となり、建設費も維持費も高騰）が大きい。同国では、地熱発電はすでにコスト競争力があると見なされており、RPS制度や固定価格買取制度（FIT）などの優遇措置の対象外である。しかし、特殊コーティングが必要な酸性流体など、明確な理由で経済性の低い地域に限っては、FITを取り入れるなどの方策が必要であろう（ERIA、2017）。

2. 縦割で複雑な許認可構造

また日本と同じく、縦割行政のため政府の許認可制度が複雑で時間を要することが、民間企業による新規開発を妨げている。日本の例で言えば、一地域での地熱開発に関して、地権に関しては自治体、掘削申請は環境省（温泉課)、環境アセスメントは環境省（環境影響評価課)、国立公園内の土砂採取などは環境省（国立公園課)、国有林内の立ち入りなどは林野庁（各地方営林局)、河川から取水する場合は国土交通省、FIT申請は経産省（資源エネルギー庁）の管轄であるため、たとえ提出先が自治体である項目どうしでも自治体内の担当部署が異なり、多くの部署・役所を回って各種申請を行う必要があるが、フィリピンでも同様の状況にあるようだ。これを解消するには、地熱法の制定による許認可制度の一本化が最善だが、それには法律改正が伴うため実現に年月がかかる。

3. “ワン・ストップ・ショップ”の開設による許認可の効率化

そこで次善の策として、1カ所で必要書類を提出すればすべての手続きが完了する窓口“ワン・ストップ・ショップ”の開設が考えられる。これは、例えば自治体が「地熱開発受付」の窓口を設け、開発事業者がそこへ関係書類を持参すれば、各種申請手続きをすべて代行してくれるという仕組みだ。代行申請まで行うほどのマンパワーが自治体にない場合でも、少なくとも必要書類の確認などのサポートは行える可能性が高く、地方政府のガバナンスにより実現可能である。

図4 フィリピン（ネグロス島）の〈パリンピノン地熱発電所〉。山の中腹にあって山の麓からは見えない。上から見下ろすと、周辺の緑が美しい（筆者撮影、2016）

4. 社会に受け入れられるためのたゆまぬ努力

なお、フィリピンの地熱開発（図4）において特徴的なのは、地熱発電を行う企業が、社会的受容性向上のために多大な投資をしている点である。例えば、開発のために森林を伐採した場合は、その面積の2倍の新たな植林を行ったり、付近のコミュニティに初等教育の学校を増設したり、社会人の職業訓練を行うなどのサービスを提供している。こういった社会的受容性向上のための努力が、社会的障壁を大きく下げる要因となっている。

(2) インドネシア

インドネシアの地熱資源量はアメリカとほぼ並んで世界トップであり（約2,700万kW）、2015年時点の設備容量は世界第3位（134万kW）、2010年以降の5年間で14.3万kW増加した（Surya, et al., 2015）。

1. 有望地開発後の困難な新規開発

しかし、地熱開発促進のための「地熱法」が制定された2003年当時の期待に比べ、実際の増加量は少ない。同国では、物理探査を含む地表探査までを国が行い、その結果を公表して開発権を競売にかけ、落札した民間企業が開発を行う制度がとられている。しかし、近年の競売では、探査結果を見ても地熱の貯留層構造が不明解で開発リスクが高く、入札する企業が現れない例が多くなった。大規模で構造が明確、つまり経済性が高くリスクが低い地域はすでに開発されてしまい、新規地域は難しい場所が多いのである。

2. 地域別 FIT 価格制度の導入

そこで、2016年より同国はリスク低減のため、調査井の掘削までを国が行ってから競売にかける方式を採用した。また地熱発電のコスト競争力を高めるため、平均発電コストに基づいた地域別FIT価格制度を2017年に導入した。2018年2月現在、こういった新たな制度の効果が期待されている。

3. 新たな課題：技術者不足や環境との共存

他方、同国の地熱関係者が指摘する大きな問題の一つは、技術者の人材不足である (ERIA, 2017)。すでに数十年にわたって、多くのインドネシア人技術者が日本の独立行政法人国際協力機構（JICA）による人財育成事業や先進諸国の地熱研修コースに参加してきたにもかかわらず、未だに人材が不十分な背景には、優秀な人材の国外流出や管理職への栄転により、現場の技術レベルが一向に上がらないという社会構造的問題があるようである。

またインドネシアは「熱帯系森林大国」だが、森林保護との競合も、地熱開発を妨げる要因の一つである。これらの問題について、地熱やエネルギー政策の枠を超え、生態系保全との統合的な新政策が望まれる。

(3) 韓国・タイ・マレーシア・中国・ベトナム

1. 韓国

韓国は火山性の地熱資源に恵まれないが、EGS技術を用いた深部地熱開発計画がある。商業的開発を目標としたロードマップでは、まず研究開発の一環として1.5～3MW規模の実証施設を造り、それを200MWまで拡大する計画である (Song and Lee, 2015)。同国のRPS制度は、再生可能エネルギーの導入割合を年々上げる仕組みのため、民間も地熱開発に強い興味を示しており、浦項（ポハン）での現行の高温岩体地熱発電（EGS）プロジェクトにも、民間と政府が半分ずつ出資している。

2. タイ

タイでは、FITやRPSなどの制度が存在しないが、政府主導の再生可能エネルギー導入計画があり、国による地熱探査が各地で行われている。タイには花崗岩性の地熱資源が点在し、Fang（ファン）地熱地域では300kWのバイナリー発電所が1989年より稼働している。現在はその拡張計画や、他の5地域での地熱発電実験施設の建設が予定されている（Pirarai, 2016）。

3. マレーシア

マレーシアでは、ボルネオ島に高温の地熱資源（図5）が存在するほか、半島にもいくつかの地熱地帯があり、国による探査が進められている。まだ地熱発電所は存在しないが、すでに地熱のFIT価格が制定されており、ボルネオ島にはFIT制度で認められた地熱プロジェクトが1件存在し、37MWの開発計画がある（Javino, 2016）。

4. 中国

中国は現状で35MWの地熱発電設備を有し、その大部分はチベットにあるが、3.5km以上の深部を対象とすれば、全国のEGSによる発電ポテンシャルは高い（Zheng, et al., 2015）。しかし、同国のRPS制度に地熱発電は含まれず、経済インセンティブが与えられていないことが新規開発を妨げている。なお、台湾は高温の地熱資源に恵まれており、開発が進められている。

図5　マレーシア（ボルネオ島サバ州）のタワウ地熱地帯。地下から熱水が噴き出す穴に鉱物成分が析出してできた天然モニュメント。この近隣では、地熱開発に向けた調査が行われている（筆者撮影、2017）

表２　地熱発電に係る各種障壁に対する解決策

カテゴリー	具体的な障壁
政策	高い開発目標とロードマップ
	関連認可機関の再構成
社会	一般市民へのプロモーション
	環境保護への対応
	その他（政府による各種支援策）
法制度	地熱を優先する許認可制度
	新しい法制度または One stop shop による手続きの簡素化
経済	FIT、RPS、炭素税など経済インセンティブの導入
	リスク制御と電力需要の増加
技術	政府主導の R&D
	人材育成
	深部資源、低温資源への対応技術
	持続的利用に関わる技術（貯留層工学・スケール対策等）

（出典：ERIA, 2017）

5. ベトナム

ベトナムではFITやRPSなどの制度が存在しないが、地方の電化と送配電ネットワーク整備に絡めた再生可能エネルギー導入計画などがある。しかし、地熱についての具体的導入目標は存在せず、現在、政府機関が検討中である(Tran, 2016)。

3. 地熱開発促進のためのガバナンスの役割

地熱発電は長期的経済性があるが、初期コストとリスクが高い点が、民間企業による開発を妨げている。そのため、いずれの国も「政策」として地熱発電を促進した時期に導入が進む。また、開発・操業にあたっては、周辺地域とのさまざまな調整が必要であり、そのスムーズな進行には地方政府の役割が重要となる。前述の共同研究において、各種の障壁に対しては、関連許可機関の再構成や一般市民へのプロモーションなど、表２に示す解決策が考えられており、いずれも中央政府および地方政府のガバナンスが解決の鍵を握る。

参考文献

・Bertani, R. (2015) “Geothermal Power Generation in the World 2010-2015 Update Report”, *Proceeding,*

World Geothermal Congress 2015, 01001

- ERIA (2017) "Assessment on Necessary Innovations for Sustainable Use of Conventional and New-Type Geothermal Resources and their Benefit in East Asia", *Annual Report 2016-2017, ERIA Research Project Report*
- Fronda, A., Marasigan, M., Lazaro V. (2015) "Geothermal Development in the Philippines: the Country Update", *Proceeding, World Geothermal Congress 2015*, 01053
- Javino, F (2016) "Geothermal Explorations in Young Volcanic Rocks in Tawau, Sabah, Malaysia", *Proceeding, The 11th Asian Geothermal Symposium, Chiangmai, Thailand*, p.19
- Omenda, P., Simiyu, S. (2015) "Coountry Update Report for Kenya 2010-2015", *Proceeding, World Geothermal Congress 2015*, 01019
- Pirarai, K., Borisut, B., Ukong, P., Lorpensri, O., Fuangsawadi, A. (2016) "Current Geothermal Development Situation in Thailand", *Proceeding, The 11th Asian Geothermal Symposium, Chiang, Thailand*
- Song, Y. and Lee, T. J. (2015) "Geothermal Development in the Republic of Korea: Country Update 2010-2014", *Proceeding, World Geothermal Congress 2015*, 01008
- Surya Darma, Tisnaldi, Gunawan (2015) "Country Update: Geothermal Energy Use and Development in Indonesia", *Proceeding, World Geothermal Congress 2015*, 01038
- Tran, T. T., Nguyen, T. C., Pham, X. A. (2016) "Thermal Fluid Characteristics of Geothermal Prospects in the North Central Vietnam and Their Potential for Power Generation", *Proceeding, The 11th Asian Geothermal Symposium, Chiang, Thailand*
- Zheng, K., Dong, Y., Chen, Z., Tian, T., Wang, G. (2015) "Speeding Up Industrialized Development of Geothermal Resources in China − Country Update Report 2010-2014", *Proceeding, World Geothermal Congress 2015*, 01051

3.3

「地熱立国」へ向けて

江原幸雄・諏訪亜紀

地熱発電がわが国で長らく足踏みしている間に、技術的な面での人材が育ちにくい状況が続いてきた。技術者の不足は、深刻な開発のネックとなりうる。社会的な側面を扱う人材が育つ環境に至っては、わが国の教育現場でその必要性すら認識されてこなかったと言ってよいだろう。しかし、本来、技術者および社会工学者は、国内もとより国外での地域振興に資する人材であり、多様な主体によって、持続的な資源活用を実現する鍵である。3.3 節では、国内外での地熱技術教育とその課題のほか、社会工学的知識がビジネスとして経済効果を産み得る方向性を示す。

人をつくる制度づくり

江原幸雄・諏訪亜紀

1. 地熱教育とキャパシティの充実による発展

あらためて、日本列島は火山列島で、多くの火山が存在していることを思い出したい。火山の下、地下数kmの深さには熱源としてのマグマがあり、その上部（1〜3km深程度）には地熱貯留層が発達し、地熱エネルギーが貯えられている。これまでの研究から、地熱貯留層に貯えられている熱エネルギーは、地熱発電設備容量に換算して1活火山当たり20万kW程度である。日本列島には活火山が100個以上あるので、単純に積算すると、わが国には2,000万kW以上の地熱発電ポテンシャルがあることになる（村岡ほか、2008）。世界第3位の地熱資源大国と言われる所以である。

(1) 潜在する資源と技術力

このように恵まれた地熱資源ポテンシャルにもかかわらず、その利用は従来、温泉以外にはほとんど利用されず、現在、ポテンシャルの2%程度が発電に利用されているに過ぎない（地熱発電設備容量として約50万kW）が、この理由について本書では、すでに紹介されてきた。

わが国は地下の地熱資源を探査する世界有数の技術があり、また、世界の地熱発電所の地熱蒸気タービン供給の70%はわが国の三大メーカー[注1]によっている。このように、資源量・地下探査技術・地熱発電技術揃い踏みで世界トップレベルにある。

このように、地熱資源や技術では優位に立つわが国だが、国内での実際の利用は前述のような限定的なものだった。

(2) 国が掲げた大きな数値目標の実現に向けて

しかし、このような状況が劇的に変わりつつある。いわゆる 3.11（東日本大震災と〈福島第一原子力発電所〉事故）以降、国も真剣に、地熱を含む再生可能エネルギー利用の促進に舵を切った。そのうち、地熱発電に関しては、2030 年度までに現在よりプラス 100 万 kW を実現し、現在の 3 倍、累計 150 万 kW を目標にしている(図 1、地熱発電推進に関する研究会、2017)。この数値は、わが国の総発電設備容量の 1%で、発電量からすると太陽光発電 1,000 万 kW に相当し、大きくはないが、当面の課題としては意味ある数値目標と考えられる。

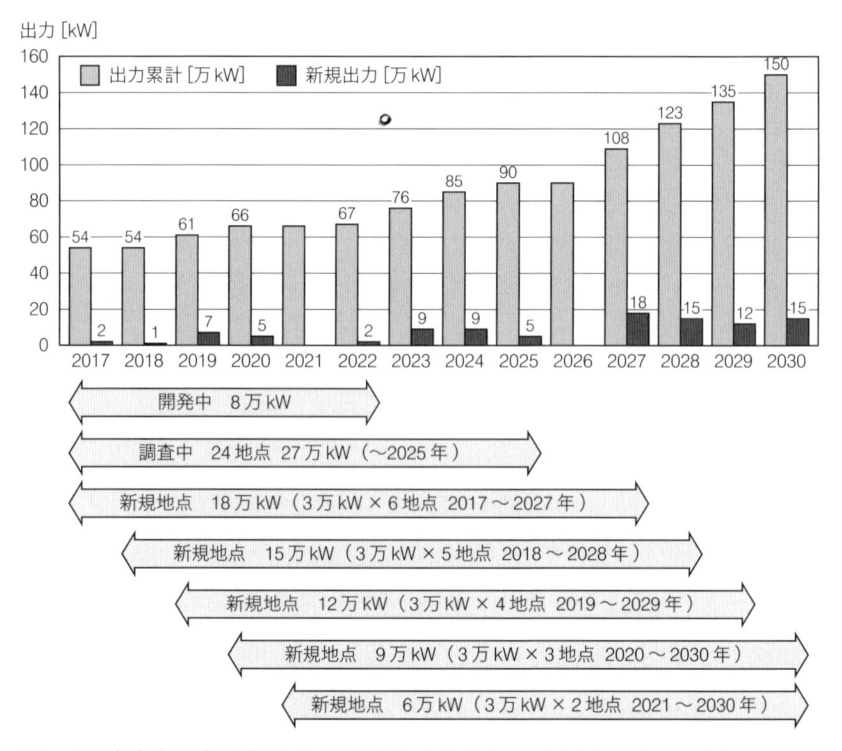

図 1　2030 年度導入目標達成のための地熱開発シナリオ（出典：地熱発電推進に関する研究会、2017）

そしてさらに、来世紀2100年代に向けては、もう1ケタ大きい、総発電設備容量の10%シェアを目指すべきだろう。

2. 地熱発電とコミュニケーション：開発の好循環を醸成するために

さて、2030年度までに累積150万kWという数字は、実現不可能ではないがかなり高い目標である。そこで、国はこれを実現するため、わが国の地熱関係者を網羅した研究会（上述した「地熱発電推進に関する研究会」）を組織し、諸課題を検討している。

課題は大きく、「新規開発地点の開拓」、「事業環境の整備」、「地域理解の促進」の三つに分けられる。このうち本書と特に関係が深いのは、「地域理解の促進」である。本書は、「地域理解の促進」のための具体的課題として、地域の合意形成に必要なコミュニティづくり、持続可能な開発の道筋、温泉事業者の不安を払拭するための手法、地熱開発を推し進めるための制度改革・技術開発、地域における経済的付加価値の評価、地熱開発におけるリスクコミュニケーションなどの議論を深めるとともに、地域とうまく連携のできた国内外の事例を示してきた。

さてここで、地域理解が進み、地熱エネルギー利用が促進され、2030年度までに累積150万kWが達成される道筋を考えて見よう。

2017年7月の段階で、日本各地の70カ所以上で大（万kW級）・中（千kW級）・小規模（10kW～数100kW級）地熱発電を目指した各種調査・発電所建設が行われている。2030年度の目標達成にまず必要なことは、これらの調査地点で地域の理解を進め、それに基づいて、確実に新たな発電所建設に結びつけることである。さらには、安定運転を継続しつつ、次の候補地点を選択して新たな開発調査を行い、また次の発電所建設に向かう、という好循環を醸成していく必要がある。

開発リードタイムが数年（中・小規模発電）～10年程度以上（大規模発電）かかることを考慮すれば、これらの見通し（発電所の発電規模・運開予定時期）を2020年代初めには明らかにする必要がある。また、人口減少のなかで、時間の経過とともに経験豊かな技術者も減少する。経験不十分な若手人材は今のうちに現場で技術を修得しておく必要がある。各種調査・発電所の建設・運転、そして、それらを通じた若手技術者の養成の好循環が形成されることが是非とも必要なのだ。発電所の建設が進むことで（従って、多くの地点での調査、さらには多くの井戸の掘削が行われることになる）、調査体制（調査機器・調査人材の充実化、地下構造解析・資源量評価技術の進展）・掘削体制（掘削機材と掘削人材の充実化、掘削機材の技術開発）も充実する。

このように日本各地で、新規地熱発電所建設、安定発電の継続、若手人材の養成、新規地点の開発調査、が進行することが地熱産業の自立につながることになると思われる。

3. 地熱開発高揚期の機運

現在のわが国の地熱発電開発は、① 1940 年代後半以降の戦後直後の電力不足期（これによって、約 20 年後に〈松川地熱発電所〉〈大岳地熱発電所〉が運転開始）、② 1970 年代の 2 度のオイルショック後の 1990 年代の大量導入期（これによって、1990 年代半ばに年間 6 万 kW を超える地熱発電所が数年にわたって建設され、累積地熱発電設備容量は 50 万 kW を超え、世界第 5 位の地熱発電国となった）に引き続く、③現在は 3 回目の高揚期に入っている。この高揚期のなかで、2030 年度までに累積 150 万 kW を達成できれば、日本の地熱産業の自立の見込みが立つ。

地熱産業の自立なくしては、さらなる目標である 2100 年の目標（電力シェア 10%）に向かうことは不可能だ。そして、開発リードタイムが長く初期投資が大きい大規模地熱発電事業にとって、国による支援の継続は不可欠だ。もちろん一旦自立すれば、国の支援は通常的なもの（既設発電所の補充井掘削などの持続可能な発電のための、あるいは新規発電所の調査・建設におけるリスク軽減のための一定の支援）に留めてよい。

また現在のような第三の地熱開発高揚期では、地熱産業が自立するための「地域理解の促進」も重要だ。地域理解の促進をもう少し掘り下げるため、ここでは人材育成に焦点を絞って議論してみよう。

4. 今後求められるのは主要地域の実効性ある教育

現在の日本は少子高齢化・人口減少の時代に突入している。そのため一部の先進産業を除き、従来型の産業は停滞あるいは縮小傾向にある。このようななかで、地熱発電産業はどのような立ち位置を取るべきだろうか。

(1) 北海道地区・東北地区・九州地区への重点化

地球温暖化問題・エネルギー安全保障問題を考えるなかで、再生可能エネルギー推進の必要性は論を俟たないだろう。これらの問題に対して、わが国に恵まれた地熱資源を有効に利用して地熱発電が貢献することは、国民の望みでもあるはずだ。そのためには地熱産業が自立し、持続可能な発展をしていく必要がある。そのための人材育成はどうあるべきだろうか。

日本の地熱発電教育の現状を詳しく見てみよう。地熱発電技術者の教育は従来、主として大学の資源工学分野および地球科学分野が担って来たが、これらの分野は今、学生数・教員数ともに縮小傾向にある。しかしだからといって、資源工学・地球科学分野の教育がなくなってもよいわけではない。そこで、実効性のある教育を行うため、地熱資源に恵まれている地域に拠点大学を形成し、集中的に人材育成を行うことが考えられる。拠点大学の適地はおそらく、地熱資源の多い、北海道地区・東北地区・九州地区が挙げられる。なお、関東地区も候補となりうるが、すでに関連事業者・研究機関が集積しており、地熱資源もそう多くない関東地区では必ずしも必要ではないかもしれない。

これらの拠点大学でそれぞれ学部30人規模の学士および大学院課程があれば十分だろう。日本全体で三つの拠点大学ができれば、(他分野に就職する学生もいるだろうが)、毎年数10人程度の若手後継者が輩出される。

(2) 地域理解を促進するために欠かせない多様性

一方で、地熱発電事業の核となる人材は、資源工学・地球科学分野だけでは不十分だ。他の理工学分野（電気工学・情報工学・数学・シミュレーション学・土木工学・機械工学・環境工学など）だけでなく、広く文系分野（法学・経済学・社会学など）の人材も必要となる。特に本書で扱うような地域理解の促進の分野では、理系、文系の枠にとらわれない学際的な視点を持った幅広い専門分野の学生の存在が重要である。

おそらく、上記のような多彩な人材を集められれば、地域理解の促進を含めた地熱資源の利用には十分な人材が確保できるだろう。また、調査に必要な人材は現在どうにかやりくりされているが、今後調査地点が増えると、人材逼迫となる可能性がある。しかし、上述したような大学・大学院の充実が図れれば、対応可能ではないかと思われる。新人が一定の地熱技術を習得するまでには、数年～10数年という時間が必要なことから、OJT（On-the-Job Training）の強化あるいは各種研修コース実施の必要性が出てくるだろう。

5. 地熱を発展させる多分野横断的な人員構成

さて、2030年度の目標達成において、人材的に最も不足するのは掘削関係の従事者だと予測されている。以下このあたりをやや詳細に述べる。

(1) 掘削分野の人材不足

現在でも掘削関連人材は逼迫しているのだが、どうにかやりくりしている状況だ。例えば、2030年度の目標を達成するための井戸の掘削本数、それを賄うリグ（掘削機器）台数およびリグを稼働するための人員数を見積もった例を見てみよう（地熱発電の推進に関する研究会、2017）。

2030年度導入目標達成に向けて、今後資源量調査地点が増えるとともに、調査段階から開発段階に移行していくにつれて、掘削分野の人材が不足し、開発に支障が生じる恐れがある。現在、日本には2000～3000mまで掘削可能な大型リグは約20台あるが、クルーの不足により半数程度しか稼働できない状況にあると言われている。現在はかろうじて対応しているものの、すでに（2016年時点で）人材の逼迫感が出始めているとも見られているのだ。

1. 開発シナリオから算出する必要人材

2030年度の導入目標を達成するための開発シナリオを図1に示したが、このシナリオどおりに今後新たに開発が進むことになれば、必要な年当たりの坑井数は、2017年～2030年に60本程度／年となる。掘削数はリグ1台で年間3本の掘削が可能とすれば、現在ある20台のリグがフル稼働すれば、年間60本を掘削することができる。しかし、この場合必要な人員は20台×25人＝500人で、現状の250人程度と比べ、同程度の人数が不足するため、人員を倍増する必要がある。一方、現在の人員でカバーするとすれば、1クルーの人数は現在の半数の12～13人程度となり、作業能率が大幅に低下することは避けられない。その結果、2030年度の目標を達成することは困難となる。

2. リグ数と掘削人材確保のバランス

ところで、現在の人員のままでリグ数を増やしても、人員不足が大きくなるだけで解決には至らない。すなわち、現在は保有リグの半分だけに見合う人員が確保されているだけである。従って、解決可能な方向は、リグ数を増やすことではなく、人員を増やすことにある。

このため海外クルー派遣会社の活用、石油系クルーの活用、冬期間の掘削可能化などで一定数は賄えるとしても、新たな技術者の確保・養成が必要だ。一部は、先述の資源工学系あるいは地球科学系人材から賄うことが可能だが、いずれにしても新規に人材導入が必要と思われる。他（多）分野の大学生や工業高校出身者にも、地熱に関わってもらえるよう教育体系を整えることも必要であろう。

(2) 調査の進展を支えるプロフェッショナルの育成

なお、調査の進展に伴い、調査技術者・掘削技術者・検層技術者だけでなく、計画設計・総合解析、評価業務など、総合的な実務を行う人材が不足してくる可能性があり、それらの対策も必要となる。そのためにも、新規発電所を確実に運開し、OJTを有効に機能させていくことが効果的であろう。

以上に述べたように、2030年度の累積設備容量150万kWを達成するためには、人材の育成、特に掘削関係の人材の養成・拡大が強く求められる。これを実現することによって、2030年度の目標を達成でき、さらに来世紀2100年代に向けて、初めて地熱立国が実現されるものと思われる。

6. 海外の地熱教育

第2章のさまざまな事例から明らかとなったように、開発主体が科学的かつ誠意ある説明を行うことが地域の理解醸成には不可欠である。しかし、科学的なリスク算出や付随するコミュニケーションは、国内の開発のみならず、国外で地熱開発を進める際にも非常に重要なノウハウだ。

(1) アイスランドの教育体制

例えば、アイスランド政府は1979年から国際連合大学と共同で、地熱発電に特化した教育を行なっている。ここでは、地熱技術ももちろんだが、地熱リスク評価、住民合意形成の方法、環境アセスメントなど幅広い教育が行われている。1979年の開始以来、開発途上国出身者を中心に、600名を超える卒業者を輩出し、これらの技術者のネットワークは、途上国での地熱発電導入促進の一つの原動力となっている。

東京青山に本拠地がある国際連合大学には、(あまり知られていないが) 世界各国に「拠点 (分校のようなもの)」がある。アイスランドにも地熱エネルギー利用技術研修プログラム (UNU-GTP) という拠点を有し、地熱資源を持つ開発途上国で活躍できる人材育成にあたっている (図2)。特に、地熱技術移転に特化した6カ月コースでは、地質学や掘削理論のほか、プロジェクト管理や資金調達などについても扱っている。これらを学んだ留学生が出身国に戻って学ん

UNU-GTP FELLOWS IN ICELAND 1979-2017
(670 FROM 60 COUNTRIES)

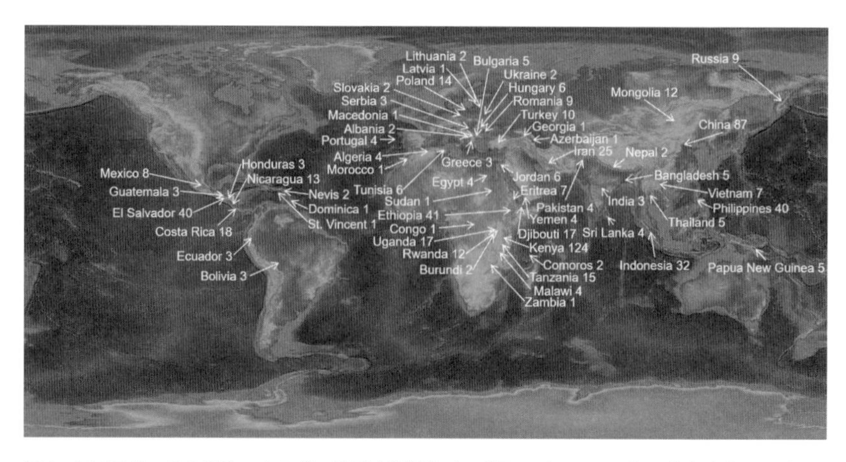

図2　アイスランドの地熱エネルギー利用技術研修プログラム (UNU-GTP) 研修者出身国一覧
(出典：UNU-GTP　HP)

だことを活かす、というチャネルづくりを通じ、各国の地熱開発を教育面で後押ししているのである。

(2) アイスランドとジブチの地熱外交

なお、UNU-GTPなどを通じた途上国とのネットワークを活かし、アイスランドの政府や企業は積極的に地熱外交を進めている。2017年5月、アイスランド有数の掘削会社「アイスランド・ドリリング・カンパニー（Iceland Drilling Company)」は、ジブチの国営電力会社（Electricite de Djibouti）と地熱掘削事業を行っていくことで合意した。アイスランドとジブチは、遠く離れているようで、実は二つの大きなプレートの境目という構造に類似点があるとされ、かねてより地熱の有望地点としてアイスランド政府関係者が注目していた。ジブチというと、日本では石油のシーレーン確保の観点などから「軍事的な重要拠点」と位置付けられている。紅海やアデン湾に面し、いわゆる「アフリカの角」にあるジブチは、原油タンカーなどの通行の多い航路の近くにあることから、近年日本の自衛隊も拠点を置いている。もちろん、アイスランド政府も企業もジブチの地政学的意味は承知している。しかし、軍事的拠点ではなく、地熱ビジネスや投資を通じて、同国やその周辺地域の経済の安定化に結果的に寄与する関係を築いている。本来、「エネルギー安全保障」には、まず海外資源への依存を減らし、かつ政情不安な国々の健全な国家構築を図る方法もあるはずだ。日本もケニア・ジブチを含むアフリカ諸国の地熱支援を行っており、エネルギー技術協力を戦略的に運用する各国の「地熱外交」の展開に期待したい。

(3) 九州大学「国際地熱エネルギー研修コース」

さて、地熱教育については、実はわが国でも、1970年から国際協力事業団(現在のJICA）とユネスコの協力を得て九州大学に「国際地熱エネルギー研修コース」が開設され、開発途上国の地熱エネルギー開発のための地熱発電技術者の育成を行なっていた。その結果、約400名を超える研修生が輩出し、上述されたアイスランドの研修コースと同様な効果がもたらされていた。2001年に外務省によるODA（政府開発援助）の削減といったあおりを受けて廃止されてしまったが、幸いにも2017年から、九州大学、北海道大学の資源工学系教育研究部門が連携し、大学間共同教育課程が国内で初めて創設された。それとともに国際地熱エネルギー研修コースが復活し、今後の国際貢献が期待される。ただし、これら以外の大学で、地熱についての教育が行われるのは希だ。日本のさまざまな教育機関で、技術的な理解を踏まえ、地熱を含む再生可能エネルギーの社会的受容性を支える人材育成を図るなど、教育の裾野を広げる必要があるだろう。

地熱発電に関する専門的な知見を地元に客観的に説明し、反論も受け付けながら正しい理解を深めていくためには、技術的な知識と、地域住民に寄り添った理解のできる人材が必要なのは、国内、国外に限らない。わが国の確かな技術力に裏付けられた地熱発電を国内外で展開するならば、この両者を兼ね備えた人材をシステマチックに教育していくことが必要である。

注

注１　わが国の三大メーカー
世界のメーカー別設備容量で（株）東芝、富士電機（株）、三菱日立パワーシステムズ（株）が上位を占める。

参考文献

・地熱発電推進に関する研究会（2017）「平成 28 年度報告書」経済産業省資源エネルギー庁 HP、pp.1-93
・村岡洋文・阪口圭一・駒沢正夫・佐々木進（2008）「日本の熱水系資源量評価 2008」『日本地熱学会平成 20 年学術講演会要旨集』B01
・足立慎一（2017）「再生可能エネルギーのリスクと保険～主として地熱発電のリスクについて～」地熱ガバナンス研究会発表資料（2017 年 5 月 8 日）
・UNU-GTP “UNU-GTP Fellows in Iceland 1979-2017”
http://www.unugtp.is/static/files/Organization/Status/unu-gtpfellows1979-2017.jpg
・Weber, J., Ganz, B., Schellschmidt, B., Sanner, B., Schultz, R.（2015）“Geothermal Energy Use in Germany”, *Proceedings World Geothermal Congresss 2015, Melborne, Australia*, pp.19-25

多様な主体の協働による持続可能な地熱資源利用の実現

諏訪亜紀

1. 地熱発電に求められるリスクコミュニケーションビジネス

3.3 節 1 項で問題提起したが、わが国の地熱発電を進めていくためには、技術者の育成だけでなく、地域理解の促進をサポートする人材が必要である。

ではどのような人々が、どのような役割を担いうるのだろうか？　ここではまず海外の事例から、リスクコミュニケーションをビジネスとして地熱開発に役立てているスイスの団体を紹介する。

(1) スイス：リスコダイアログ

スイス・チューリッヒのほど近く、ヴィンタートゥール（Winterthur）というまちの一角に「リスコダイアログ」という NGO がある。ここでは、スイス国内外の地熱をはじめとした再生可能エネルギー開発に際しての住民意見を集約し、分析する業務を行なっている。

リスコダイアログは、1986 年に起きた〈チェルノブイリ原子力発電所〉の事故を受けて、1989 年にリスクコミュニケーション専門の組織として設立された。社会的関心が高まったエネルギー技術に付随するリスクを取り扱っている。もともとは、ザンクトガレン大学のいわゆる「スピンオフ」として立ち上がったが、現在も NGO 法人という位置付けで、開発者と住民、行政の間に立つ中立的な立場で活動を続け、約 30 年が経つ。なおその活動は、スイス国内外の複数の保険会社からの寄付や、自治体、企業などへのコンサルタント業務委託費などで賄われている。

エネルギー問題以外にも、遺伝子組み換え技術やナノテクノロジーの安全性とリスク評価や、自然災害の社会的影響などについても、関係者間の意見聴取・合意形成活動などを行っている。エネルギー分野では、ヨーロッパで近年注目を集めている地熱発電の一種、高温岩体地熱発電（EGS）を中心に、社会的受容性などを分析しているのが特徴だ。

(2) ドイツ：都市部開発における高温岩体地熱発電（EGS）とリスクコミュニケーション

一般的にヨーロッパと言えば、地熱とは縁遠いものとの印象を持つ読者もいるかもしれない。しかしEGSは、天然の熱水や蒸気が乏しい場合でも、人工的に岩盤の透水性を高めたり、水を送り込んで蒸気や熱水を得る技術のため、マグマ溜りと十分な熱水がセットで存在する有利な条件でなくても、地熱利用が可能になる。

アメリカやオーストリアのEGSは比較的わが国にも知られているが、ドイツでも、2007年のランダウで開発されたEGSを皮切りに、約10カ所のEGS発電所が運開中であり、新たな開発も予定されている（表1、図1）。

一方、EGSはこれまで考えられなかった可能性と社会的要請の鍵を開けた。と言うのも、EGSは一般的に地熱が豊かと思われてきた山岳部だけでなく、住

表1　主なドイツ地熱発電容量

地点名	許認可年	発電方式	容量［MWe］	2013年時点発電量［GWh/yr］
Bruchsal	2009	カリーナ	0.55	1.2
Durrnhaar	2012	バイナリー	5.5	
Insheim	2012	バイナリー	4.3	14.22
Kirchstockach	2013	バイナリー	5.5	
Landau	2007	バイナリー	3.0	13.24
Sauerlach	2013	バイナリー	5.0	
Unterhaching	2009	カリーナ	3.36	6.87
Bruhl	開発予定		5-6	
Kirchweidach	開発予定		6.7	
Taufllrchen	開発予定		16-17	

（出典：Weber, et al., 2015）

図1　バーゼル EGS 立地予定地：市街地での地熱計画

宅がある平地でも地熱発電が可能になる（図2)。つまり、地熱発電を巡り、都市部の住民のリスク意識を勘案し、合意形成を図る必要も生じる。

例えば、EGSは掘削などの時点で地震に似た現象を引き起こすことがある。地震に不慣れなヨーロッパの都市部の住民には特に丁寧な説明を行わなければならず、そのプロセスでボタンの掛け違いが発生すると、開発案件が白紙に戻ることもありうるのだ。スイスのバーゼルでもEGSを導入しようとしたが、住民への事前説明が不足した状態で2006年に震度3の地震が発生し、不安視した住民らの反対もあり、計画が頓挫した。

リスクコミュニケーションを専門とするリスコダイアログはこれを受け、都市部の地熱リスク評価にあたった。リスク評価にあたっては、開発地点における社会的・歴史的文脈に留意し、

⑴住民や地元政治家への意見聴取・オンラインダイアログの実施
⑵地熱技術・リスク・発電設備の公聴会開催、ステークホルダー協議会やワーキンググループの設置支援
⑶ガイドラインの作成、保証枠組みの設計

などを開始した。

図2　ミュンヘン近郊（Kirchstockach）の地熱プラント（出典：Turboden　http://www.thinkgeoenergy.com/city-utility-buys-two-operating-geothermal-power-plants-in-munich/）

2. 障壁は新たなビジネスと捉える

近年では、ドイツ・グロスゲラウ（Gros-Gerau）の地熱開発案件について、リスコダイアログが積極的な役割を果たしたとされている。

グロスゲラウはドイツ・ライン川北部の人口約2万人の集落だが、住宅地からほど遠くない場所でEGS開発が予定されたため、住民向け公聴会の開催が必要となった。

そこでリスコダイアログのメンバーは、2013年から100名単位の公聴会を6回、技術的説明・選択肢の説明などを段階的に行い、開発当事者から独立した立場で公聴会の説明や質疑応答、記録の作成と周知などにあたった（図3）。

メリットだけでなくリスクを共有した公聴会を受けて、住民理解は高まり、2017年の完成を目指して開発は進められていた。残念ながら2017年10月現在、技術的原因のため計画は白紙に戻っているが、リスクコミュニケーション自体に問題があったわけではない。この実績を踏まえて、ドイツではさらに新たな開発地点が検討されている。

図3　グロスゲラウでの住民向け公聴会の様子（出典：Wallquist and Holsterin, 2015）

なおこのように、技術的・社会的実績を積み重ねながら失敗を乗り越え、気づいたときには新たな技術イノベーションを確実なものにしていくのがドイツ・スイスなどを含む欧州の国々の興味深い文化である。

既存の大型火力や原子力発電所よりも、地熱を含む再生可能エネルギーのリスクのレベルが桁違いとはいえ、リスクフリーではありえないのは、欧米でも同様である。もちろん、リスクコミュニケーションの方法は、国や文化の違いを受けるが、存在しうるリスクを予見し、科学的に評価し、緩和する主体が必要とされており、かつ新たなビジネスになりうるということを、リスコダイアログの活動は示しているのではないだろうか。

3. 日本のリスクビジネス：保険商品の開発

近年ではわが国でも再生可能エネルギーのリスクを扱うビジネスが立ち上がりつつある。それらは必ずしもリスクコミュニケーションに特化したものではないが、科学的なリスク算出とそのマネジメントを扱うという点で共通点がある。

例えば風力発電は、自然災害や電気的・機械的リスクのため、その評価の需要も多く、風力発電に特化した保険商品が開発されている（図4）。これら保険商品開発に伴うリスク算出は、計画・建設・運転の段階ごとに立地選定・事業性・技術・メンテナンス・環境影響・近隣理解などの要素を踏まえ、定量評価も交えながら客観的に行われている（表2）。

地熱発電についても、ほかの再生可能エネルギー同様にリスク評価の必要性はあるが、従来は同一事業者（一般電気事業者）が発電設備をまとめて保険契約する方式（マルチ契約）が一般的であり、発電所ごとのリスク算出の需要が

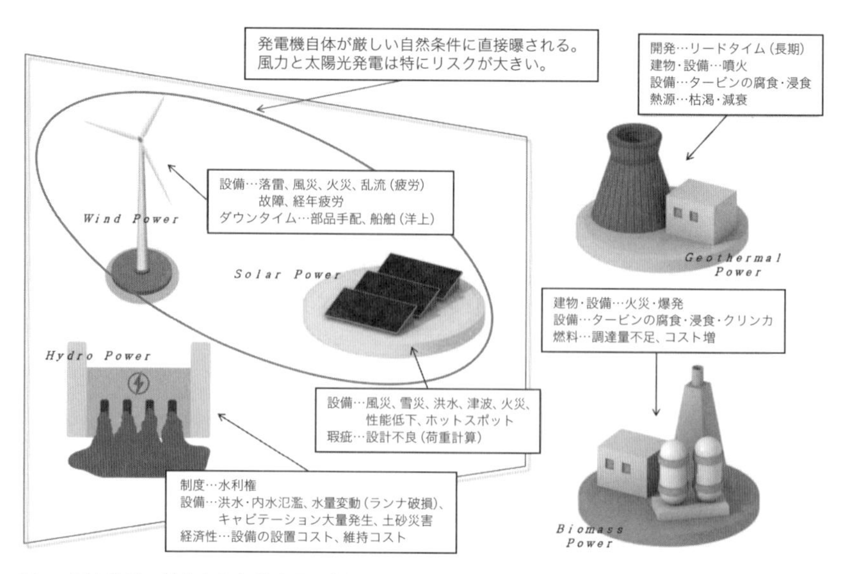

図4　風力発電に特化した保険商品の仕組み（出典：足立、2017）

表2　保険商品開発に伴うリスク算出

段階	評価
計画段階	○地熱資源把握に伴うリスク（掘削の不成功）　○初期投資額の増大（調査・研究期間の長期化） ○補助事業の非認定（補助金の不交付）　○法規制による開発コスト増や開発不可 ○自然環境破壊（景観の阻害、硫化水素による生態系影響） ○温泉事業者の反対（温泉の枯渇や泉温の低下懸念）
建設段階	○資機材の輸送時破損、盗難　○運搬時の交通事故　○施工時の労災リスク ○施工工事中の火災、自然災害および人的ミスによるシステムの破損、開業遅延 ○施工時の人的ミスに起因する賠償責任　○設計、施工のミスによる引渡し後の事故、性能不発揮 ○施工時の環境影響（騒音、大気質・水質汚染、等）　○井戸掘削の不成功
運転段階	○過剰生産による貯留層圧力の低下　○還元熱水の貯留層への冷却影響 ○生産井のスケール付着による口径縮小　○還元井のスケール付着による口径縮小 ○直撃雷や誘導雷による設備・機器の破損　○冷却塔で凍結による設備の破損 ○地震（火山性地震）による建物・設備などの破損　○洪水、土砂災害による破損 ○火山噴火による土砂・泥流　○火山性ガスによる水蒸気爆発 ○タービンの腐食、スケール付着による出力低下や破損、故障 ○熱媒油や潤滑油からの火災　○有毒物質を含む不要水の漏洩による土壌・地下水汚染 ○硫化水素、塩化物による設備・電気機器の腐食（コロージョン）、侵食（エロージョン） ○有毒物質の放出による大気汚染、生態系影響　○温泉の枯渇や湧出量・噴気の減少、温度低下 ○暴噴による従業員の火傷　○硫化水素の漏洩による従業員のガス中毒 ○施設の安全管理不備による賠償責任（住民の死傷など） ○事故、災害発生による機器の損壊に伴う発電停止（全面・部分） ○重大事故、災害発生による行政からの事業停止命令

（出典：足立、2017）

それほど大きくはなかった。

しかし電力自由化を背景に、地熱開発を行う主体は一般電気事業者だけでなく、いわゆる新電力事業者や自治体などにも広がりつつある。なかには地熱発電に特化している主体も存在する。こうした場合、発電所ごとにリスクを算出し、個別の保険契約を可能にする必要が生じることが予見される。あわせて、地熱のリスク算出およびマネジメントを行うことのできる人材育成も求められている。

4. 多様な主体の協働による持続可能な地熱資源利用の実現

本章では、多様な主体の協働による持続可能な地熱資源利用を目指すために、さまざまなビジネスの主体が関与しうることを示してきた。なお、住民理解やコンサルテーション、保険業務に限るものではないが、地熱分野で活躍する女性を中心としたWomen in Geothermal（WING）という国際的なネットワークが立ち上げられ、今後経験の共有などが図られていく見込みである。エネルギービジネスの世界は、これまで男性中心のイメージがあったが、地熱分野は理系文系を問わず、新たな挑戦をする女性たちの活躍の場にもなっている。

地熱発電に際しては、もちろん地質学的・工学的な理解が必要である。加えて、リスクマネジメントなどの社会科学的な業務は、新たなビジネスとして多いに発展が期待される分野であり、今後さまざまな人材が活躍する日が待ち遠しい。

参考文献

・足立慎一（2017）「再生可能エネルギーのリスクと保険～主として地熱発電のリスクについて～」地熱ガバナンス研究会発表資料（2017年5月8日）
・Weber, J., Ganz, B., Schellschmidt, B., Sanner, B. and Schultz, R. (2015) "Geothermal Energy Use in Germany", *Proceedings World Geothermal Congresss 2015, Melborne, Australia*, pp.19-25
・Wallquist, L. and Holsterin, M., (2015) "Engaging the Public on Geothermal Energy", Proceedings World Geothermal Congresss 2015, Melborne, Australia, pp.19-25

あとがき

日本の再生可能エネルギーは、確実に新たな段階に入っている。かつての「再生可能エネルギーを導入するべきか」という議論は、今や再生可能エネルギーを「いかに導入するか」という議論になってきている。

電力会社に発電の多くを任せていたころ、都市でも地方でも、一般に人々はエネルギー「消費者」であって、エネルギーの生産に携わることは極めて稀であった。しかし、再生可能エネルギーの本質は「分散型」である。つまり、大手電力会社が戦後長きにわたって行ってきたエネルギーの生産は、分散し、生活圏（コミュニティ）の近くにやってくる。

地熱利用に関しても各地で計画が立ち上がっているが、それらの地域がこれまでエネルギー生産には縁遠かったとしても全く不思議ではない。日本のエネルギー需給構造そのものが、長らく「分散した」エネルギー生産と無縁だったからだ。しかし、生活する人々の理解と協力を得、人々の生活に資するエネルギーたることが、再生可能エネルギーに期待されている点である。それぞれの地域に経済的・社会的便益をもたらしてこそ、再生可能エネルギーの「健全」な導入と言えるし、日本でそのような導入をいかに進めていくかを広く考えていくことが社会的要請となりつつある。

本書は地熱利用を扱ってきたが、再生可能エネルギーとわれわれの関わりは今後深くなることはあっても、その逆はあり得ないはずで、本書の提起した地熱や再生可能エネルギーの社会的側面やより良い導入に今後さらにスポットがあたっていくことを祈念している。

なお、さまざまな制約のなか、本書で扱うことができた事例に限りがあったこと、技術的な面については、国内外の他書に譲らざるを得ない面もあったこと、ビジネスとしての地熱プロジェクトの難しさと可能性について扱えなかったことなど、反省は多い。しかし、地熱技術や社会制度について習熟している国内外の多くの専門家を会して本書を世に出すことができたことは、望外の喜びである。

本書の刊行は、地熱利用に関係する多くの方々のひとかたならぬご協力・ご尽力の上に成り立っている。ときに山深い、または雪多い地域にあって、難しい地下のエネルギーに向き合い、軌跡と今後の指針を示してくださっている皆様に心からの敬意と感謝を申し上げたい。また、本書の執筆に参加してくださった著者の方々、特に全体について多くのアドバイスをいただいた安川香澄さん、企画から刊行に至るまで万般の配慮をいただいた学芸出版社の方々と岩切江津子さんに、深くお礼申し上げたい。

2018年3月　編者を代表して　諏訪亜紀

本書の出版に際し、京都女子大学から平成29年の出版助成を受けた。執筆者一同、記して謝意を表したい。

用語解説

A-Z

BOO（Build Own Operate：建設・運営・所有）方式：委託を受けた事業者が施設を建設し、維持管理・運営する方式。施設所有権は委託を受けた事業者が有する。近年、PFIの事業方式としてもよく活用される。

FIT：固定価格買取制度（FIT）を参照。

JICA：独立行政法人国際協力機構の略称。日本の政府開発援助（ODA）の実施機関の一つ。

LCOE（Levelized Cost of Electricity：均等化発電コスト）：施設の建設や運転維持・燃料など発電に必要なコストと発電事業者の利潤などを含め、運転期間中の想定発電量をもとに計算する発電コストの評価方法。発電コストの標準指標。

NEDO：国立研究開発法人新エネルギー・産業技術総合開発機構（NEDO）を参照。

OJT（On-the-Job Training）：職務の現場で実務を行うなかで実施する教育・訓練のこと。職場内訓練と訳される。

PDC（Polycrystalline Diamond Compact）ビット：多結晶人工ダイヤモンド焼結体を用いた掘削ビット（掘削器具の先端部）。従来のローラーコーンビットに比べ掘進能率の向上が期待されている。

RPS：Renewable Portfolio Standardの略。再エネの助成政策の一つで、電気事業者に対し再エネを用いた発電から得られる電気を一定の割合以上利用することを義務づける。

Women in Geothermal（WING）：地熱分野で活躍する女性を中心として、地熱関係者の交流を広げるための世界ネットワーク。

あ

硫黄酸化物：二酸化硫黄（亜硫酸ガス）（SO_2）などの硫黄の酸化物でSOxと呼ばれる。特に亜硫酸ガスは火山ガスに含まれることが多く、刺激臭があり、有毒。

一次エネルギー：人が利用するエネルギーのうち、変換加工前の自然界に存在するもの。石油、石炭などの化石エネルギーや地熱、風力、水力などの再エネが該当する。

一般財団法人電力中央研究所：電気事業に関連する研究開発を行う機関。電力会社の合同出資により運営され、技術開発や社会への提言を行っている。

一般社団法人日本温泉協会：温泉に関するの調査研究や普及・啓発、温泉資源の保護、温泉施設の改善、温泉資源利用の適正化を目的にした協会。

エコロジカル・ランドスケープ：地域の自然・生態系の状態や機能を重視し、自然環境に配慮しながら保全や開発をデザインする手法。

エネルギー安全保障：市民の生活や経済活動、環境への影響を考慮しながら必要なエネルギーを合理的な価格で持続的に確保することを目指した概念。資源獲得競争や資源産出国の情勢などを踏まえエネルギー受給の変化への対応を目指す考えかた。

エネルギーコンシューマー：エネルギーの使用に際して消費者としての側面に着目し、エネルギーの選択・使用を賢く行うために必要な消費行動を考える概念。

エネルギー自給率：国や地域の生活や経済活動に必要な一次エネルギーのうち、その域内で確保できる比率。

エネルギー自治：平時や災害発生時などにおける地域のエネルギー受給について、地域自ら管理可能な水準を高めるという概念。地域活性化や分散型エネルギーの文脈で扱われる事が多い。

エネルギープロシューマー：エネルギー分野で生産者（プロデューサー）と消費者（コンシューマー）を組合せた語。再エネの発電コストが下がり、一般の家庭や事業所でもエネルギーの生産・販売が可能になる事によってつくられた概念。

エネルギーミックス：電気エネルギーの安定供給、経済性、環境への影響を考慮して、複数のエネルギー資源を適切なバランスで組み合わせることで安定的にエネルギー資源を確保することを目指した概念。

エビデンス：証拠、根拠となる事実。特にリスクコミュニケーション分野では、主張を裏付ける科学的データ、事実を意味する。

オイルショック：中東地域の情勢をうけた原油の供給不安に端を発する原油価格の高騰とそれにともなう世界的な混乱。1973年（第1次）と1979年（第2次）に生じた。

温室効果ガス：大気を構成する気体であって、地球が放射する赤外線を吸収することで地球を温暖化させる（温室効果）気体。化石燃料の燃焼により排出されるCO_2を含む。

温室栽培施設：ハウスなどの温室で、野菜、果樹、花卉などを栽培する施設。温度維持に多くのエネルギーを用するが、我が国において珍しい熱帯植物などの栽培も可能。植物以外にもエビなどの養殖もある。

温泉権：温泉源を利用する権利のこと。その土地の所有権とは別の権利とされ慣習法上の物件的権利の性質を持つ。

温泉資源の保護に関するガイドライン（地熱発電関係）：温泉資源の保護を図りつつ再生可能エネルギー（地熱）の導入が促進されるよう環境省によって定められたガイドライン。2009年に策定されていた「温泉資源の保護に関するガイドライン（2009年）」の分冊として地熱発電関係に特化して発行されたもの。2014年に改訂され、その後2017年に再改訂されている。

温泉井：温泉の採取を目的にした井戸。温泉井の掘削には温泉法に基づく許可が必要。地下数100m程度の深さになる。

温泉帯水層：地下水によって飽和している地中の透水層であって、地熱であたためられ地下水が温泉として貯留されている地層。

温泉バイナリー：バイナリーサイクル方式のうち地熱流体に温泉を用いたもので、温泉発電はこの方式が一般的に用いられる。湧出する温泉に余剰がある場合や、直接浴用にするには温度が高すぎる場合などに用いられることが多い。

温泉発電：「温泉バイナリー」を参照。

温泉法：温泉の保護、温泉採取に伴うガスによる災害の防止、および温泉の利用の適正を図ることを目的に昭和23年に制定された法律。同法第3条では、温泉井の掘削には都道府県知事の許可が必要と定められている。

温泉法第3条に基づく掘削許可が不要な掘削：温泉法第3条は温泉を湧出させる目的で坑井を掘削しようとする者は許可が必要と規定しているのに対し、政府の「地熱発電に係る規制改革」に関する検討をうけて、許可が不要な掘削として平成26年に整理されたもの。地熱発電に関連しては、調査井、還元井、モニタリング井などが該当する。

温泉モニタリング：温泉の湧出量、水位、温度および主要成分についてモニタリングすること。

温度差発電：高い温度と低い温度との温度差のある2つの熱媒体を利用する発電。バイナリーサイクル方式の発電などのこと。

か

外核：地球内部のうち、内核の外側でマントルの内側。温度は4,000℃から6,000℃程度。

概査段階：「広域調査」の後で「精査」の前の段階。この段階では地熱構造モデルを作成する目的で、地質や変質帯調査などの地表調査、重力探査や電磁探査などの物理探査、観測井の掘削等によるモニタリング調査などを行う。温泉帯水層と地熱貯留層のおよその関係もこの段階で把握する。

買取価格（調達価格）：FIT において定められる再生可能エネルギーによる発電によって得られた電気の買取価格のこと。調達価格ともいう。経済産業省の調達価格等算定委員会の意見を踏まえて政府が決定する。地熱発電では、平成29 年度の買取価格は買取期間（調達期間）15 年間で15,000kW 以上の場合 26 円＋税、15,000kW 未満の場合 40 円＋税。

火山：地殻深部のマグマが地表または水中に噴出し溶岩となって固まるなどしてできた、山やカルデラなどの特徴的な地形。

火山ガス：火山から噴出する気体のことで、水蒸気を主成分とし二酸化炭素や刺激臭を持つ二酸化硫黄（亜硫酸ガス）などが含まれる。他にも水素ガスや一酸化炭素、硫化水素も含む場合があり、その毒性や熱によって周辺生態系に大きな影響を与える。

化石燃料：石炭、石油、天然ガスなど、地質時代に堆積した動植物の死骸などの有機物が地中で化石となり現在において燃料として用いられているもの。

ガバナンス：ステークホルダーが参加して合意形成や意思決定を行うことで、その社会の規範や制度を形成していくことに重点を置いた統治のあり方を示す概念。政府を意味する「ガバメント」に対比してよく用いられる。

簡易アセスメント：文献調査に重点を置いたり評価項目を必要最小限に絞り込むなどして、簡便な方法で迅速に行う環境アセスメント。

簡易遠隔温泉モニタリング装置：温泉の温度、流量、電気伝導度などを計測し遠隔地で連続的にモニタリング可能な装置。

環境アセスメント：開発にともなう環境影響を事前に調査、予測・評価し、必要に応じて開発の位置や内容を変更したり環境保全措置、事後調査を実施することで、影響の回避・低減・代償を図る制度。環境影響評価と同じ。法で定められた手続きは、主に計画段階配慮書、方法書、準備書、評価書などの環境アセスメント図書で構成され、各段階での情報公開と参加の機会がある。

環境影響評価：環境アセスメントを参照。

環境影響評価法：環境アセスメントを参照。

環境監視：動植物の生態や大気質、水質など、環境の状況を継続的に観測・調査すること。環境モニタリングに同じ。

環境的公正：環境問題を社会正義・公正の側面で考える概念。環境正義（Enviromental Justice）ともいう。社会的弱者やマイノリティーなどの脆弱な立場の人々が環境影響をうけやすい文脈で生じた概念。

環境紛争：開発行為や事業の実施などによって生じる環境への負の影響またはその懸念に起因して生じる紛争のこと。従来、公害紛争については国や都道府県の ADR（裁判外紛争解決手続）が調停や仲裁にあたったが、近年は公害以外の環境紛争や紛争の未然防止への対処が求められている。

還元井：発電などに用いた後の地熱流体を地下に返送する坑井であり、これにより熱汚染や地中有害成分による地上汚染を回避し、貯留層を涵養するなどの機能を有する。

還元熱水高度利用化技術：採取した地熱流体からシリカ成分や希少金属を回収し、スケール付着を低減させることを目的とした技術。特にシリカ成分を経済的価値のあるコロイダルシリカとして回収する技術も開発が進められている。

環太平洋火山帯：太平洋を取り巻くように分布する火山帯で、そこに位置する火山列島や火山群の総称。環太平洋造山帯ともいう。

涵養：降水や表流水が地下浸透して地下水になること。これが温泉や地熱流体になる。

気候変動：地球環境問題の文脈では、長期的な地球の表面温度の上昇である地球温暖化とそれに起因する気候への影響を指す。20 世紀後半の地球温暖化の支配的原因は、人為的な温室効果ガスの増加である可能性が極めて高いとされる。気温や海水温の上昇、氷河や氷床の縮小などの現象にとともに、異常高温、大雨、干ばつなどの様々な気候の変化をともなう。これにより、自然、経済、社会へ深刻な影響が生じる。

汽水分離器（セパレーター）：生産井から採取した地熱流体から蒸気と熱水を分離する装置。発電にこの蒸気のみを用いるものをフラッシュサイクル方式という。分離したあとの熱水に十分なエネルギーがある場合は、ダブルフラッシュサイクル方式による発電を行ったり、別途熱利用を行うこともある。

キャップロック：地熱貯留層の上部および側部に位置し、地熱流体の移動を防ぐことで貯留性を高めるとともに、浅部からの温泉などの地下水の浸透を防ぐ難透水層・不透水層のこと。泥岩などで構成される。帽岩ともいう。

共同事実確認（JFF：Joint fact-finding）：立場や見解の異なるステークホルダが、互いに納得できるエビデンスを基に、科学者や専門家、ファシリテーターの協力を得て議論する合意形成のアプローチ。

グリーンジレンマ：環境問題や環境配慮行動に関連する社会的ジレンマのこと。地球環境問題の解決に寄与する事業であっても、その事業が立地する地域コミュニティにとって必ずしも好ましくない場合などに生じる。NIMBY 問題と構造が類似する部分もある。

クローズドシステム：生産井を通じて採取した地熱流体から発電のためのエネルギーを得た後の排水や余熱水を、還元井を通じて全量地下へ返送することで、地上に地下の成分を排出しないシステムのこと。近年では、地下から地熱流体を採取せずに、地上との間で水を循環させるクローズドサイクルシステムの開発も進められている。

計画段階配慮書：従来の環境アセスメントにおける方法書の手続きよりも早い、事業の位置や規模に関する複数案を検討できる段階で作成する環境アセスメント図書。環境配慮策の幅広い検討とより柔軟な計画変更が可能になる。

傾斜掘削：地熱貯留層の直上に自然公園などがあり垂直に坑井を掘削できない場合、離れた位置に坑井基地を設置し、地下で斜めに掘削することで目的の地層に到達する技術。

系統線：電力を需要家の受電設備に送るための送電システム（送電系統）の電線のこと。日本では 10 の電力会社が有する電力系統の一部。

広域調査段階：地質や地下温度、圧力などの把握を目的に、地質や地熱、温泉に関する資料調査、広域的な地質構造やキャップロックなどを把握する空中物理探査、構造試錐井の掘削による地温勾配の確認や地化学探査などを行う段階。概査段階の前。

合意形成：ステークホルダーが適切にデザインされた場において、公正なルールとプロセスに従って議論をすることにより、情報を共有し、多様な価値観を顕在化させるとともに相互の理解を図り、意見の一致を目指すこと。

高温岩体地熱発電（EGS）：高温岩体発電（Enhanced Geothermal System）の略。天然の熱水や蒸気、または流体の通り道である亀裂が十分に存在しない場合、地下にある高温の岩体へ地上から水を圧入し、亀裂を開いて蒸気や熱水を得る事で発電を行う仕組み。従前は HDR（Hot Dry Rock）と呼ばれていたため、高温岩体と訳されている。

坑井：一般には小規模な竪坑（たてこう）のこと。地熱のための坑井は地熱井と呼ばれる。

坑井トラブル：坑井の内部にスケールが付着するなどして目詰まり等を起こすトラブルを指す。

小型多セル型：地熱発電所の冷却塔について、従来は空気との接触量を確保するため高さのある構造物の建築を要したが、周辺景観への配慮などを目的に、これを複数のセルに分割し小型化したもの。

古カルデラ：更新世などの地質時代に形成されたカルデラで、

その地形は現存していなくとも、地下深部に超臨界地熱資源がある場合がある。次世代の地熱発電の資源として期待される。

国立研究開発法人産業技術総合研究所：産業の発展と鉱物資源およびエネルギーの安定的かつ効率的な供給の確保のために、鉱工業の科学技術に関する研究・開発を行う国立研究開発法人。

国立研究開発法人新エネルギー・産業技術総合開発機構（NEDO）：日本の再エネ分野と関連する産業技術分野の研究・開発を担う国立研究開発法人。

固定価格買取制度（FIT）：再エネの助成政策の一つで、再エネを用いて発電した電力を、定められた期間、電気事業者が政府の決めた買取価格で買い取ることを義務付ける制度。電気事業者（電気事業法改正により「小売電気事業者」）が買い取りに要した費用は、電力料金に応じた再エネ賦課金として国民が負担する。Feed-in Tariff の略。

コロイダルシリカ：SiO_2の水和物のコロイドで粒径が数 nm から 100nm 程度の大きさをもち、質量に対して非常に大きな表面積があることから、ナノ材料としてその機能と応用が期待される。

コンセンサス会議：市民参加型のテクノロジー・アセスメント（TA）の手法。社会的論争のある科学技術について、専門知識を持たない市民パネルが専門家パネルに質問し、その上で少人数の議論を経て合意を決定し文書にて発表する。

コンフリクトアセスメント：社会的な紛争が生じる前または生じた際に、そのステークホルダーを特定し、対立する利害や立場の違いを評価すること。これにより適切な参加手法と合意形成のアプローチを設計する。

さ

再生可能エネルギー：エネルギー源としてその資源が枯渇せず繰り返し使え、永続的に利用することができると認められるものを指す。人が利用する以上の速度で、そのエネルギー源が自然によって補充されるもの。太陽光、風力、水力、地熱、太陽熱、バイオマス、海洋温度差、波力、潮流・潮汐などが該当する。発電時や熱利用時に温室効果ガスをほとんど排出しない。

砂防堰堤：土石流など上流からの土砂を受け止め、貯まった土砂を少しずつ流すことで土砂の流下量を調節する施設。

シェールガス：頁岩（けつがん／シェール）層から採取される天然ガス。ガス採取のため地下の岩盤にフラクチャーと呼ばれる割れ目を水圧破砕によって作る技術や地下で水平坑井を掘削する技術が確立したことで、近年、生産量が急激に増加した。

ジオパーク：地球科学的に大きな価値を持つ地域を遺産として認定し、保全や教育、観光（ジオツーリズム）に活用する認定プログラム。わが国には日本ジオパーク委員会が認定した「日本ジオパーク」が 43 地域あり（2018 年 4 月現在）、そのうちの 9 地域はユネスコ世界ジオパークにも認定されている。

試掘：資源探査のために試験的に坑井を掘削すること。

試験井：地下深部の地熱流体に関する情報を把握し、地熱流動や地熱資源量を予測するために掘削する地熱井。一般に精査段階で掘削する。

資源探査：地熱資源の分布やその量を把握するための探査。広域的な地質構造を把握する空中物理探査や重力探査、電磁探査、電気探査、弾性波探査などの物理探査、水質、ガス、地温探査などの地化学探査がある。

資源賦存量：理論的に存在する資源の総量。

自主アセスメント：環境アセスメントの法や条例の規模要件を下回る小規模の開発や、適用対象でない種類の事業において、事業者が自主的に実施する環境アセスメント。

自主的環境配慮：事業者が法または条例による規制基準の求めとは別に、自主的に実施する環境配慮。環境アセスメントの制度は、主にその手続を規定しており、その中で検討する環境配慮策は、事業の種類や対象地の性状に応じて事業者が自主的に判断する必要がある。

自然公園内での開発規制の緩和：自然環境に配慮した地熱開発を促進する目的で、環境省は国立・国定公園内の地熱開発の規制を緩和する局長通知を 2012 年と 2015 年それぞれ発出した。これにより、風致景観への影響を含め、環境への影響が十分に回避される場合は、発電所建屋の高さ制限（13m）が緩和されたり、第 1 種特別地域の地下にある地熱貯留層へむけて、その周辺から傾斜掘削により掘削することなどが認められた。

持続可能性アセスメント（SA：Sustainability Assessment）：環境面に加え、経済・社会面の影響評価を包括的に行うことで、計画や開発事業がもたらす負の影響を総合的に回避し、合理的な意思決定を支援するアセスメント。

市民参加型モニタリング：環境モニタリングを市民参加型で行うこと。調査の透明性を確保できる。

社会的受容性：開発事業や新たな科学技術が地域社会の理解と賛同を得て、受け入れられること。パブリックアクセプタンスともいう。

縦覧期間：環境アセスメント図書などが、一般の人々の縦覧に供される期間。

熟議：意思決定や政策決定の文脈では、表面的な世論や利益誘導によらず、市民が十分な情報と専門性を持って様々な視点から熟慮し議論することによって結論を得ようとすること。熟議民主主義との表現もあり、討論型世論調査、コンセンサス会議、ミニ・パブリックスなどの手法が開発されている。

シュタットベルケ（Stadtwerke）：ドイツなどにおいて公共サービスを担う地域の公的な会社。電力事業を中心に公共交通やその他インフラ事業を行う。

準備書：環境アセスメントにおいて、方法書に基づく調査、予測・評価の結果をまとめた文書であって、これを公表しステークホルダーからの意見を募るもの。評価書の前の段階の環境アセスメント図書。環境アセスメントを参照。

蒸気生産量：生産井から得られる蒸気の量。

小水力発電：大型のダム開発をともなわない小規模な水力発電。一般河川や農業用水路などの既設導水路を利用して発電が可能な再生可能エネルギー。FIT では 30,000kW 以下が買取対象。

情報の非対称性：市場での取引において売り手と買い手の間に存在する、保有する情報の不均衡な構造を指す。開発の文脈では、事業者と行政、地域住民の間に保有する情報量に大きな差があることに加え、専門的な情報の理解にも差があることから、相互のコミュニケーションが阻害されることを指す。

初期投資：事業を開始するために必要な投資。初期費用（イニシャルコスト）ともいう。地熱発電の場合、坑井掘削を含む地熱資源調査や施設建設に大きな初期投資を用する。

シリカ：スケールを参照。

シリカ回収実証プラント：還元熱水高度利用化技術を参照。

新エネルギー利用等の促進に関する特別措置法（新エネ法）：石油代替エネルギーの導入に向けて長期的な進展を図ることを目的に 1997 年に制定された法律。経済面の制約から普及が十分でないものが対象で、当時、すでに実用化していた地熱発電は含まれず、バイナリー発電のみ含まれた。

シングルフラッシュ方式：生産井から採取した地熱流体を汽水分離して得られた蒸気でタービンを回し発電する方式。発電を終えた蒸気は復水器で温水となり、汽水分離後の熱水などと一緒に還元井により地下深部へ返送される。

新電力事業者：電力系統を持つ一般電気事業者（日本では 10 社）とは異なり、自由に電力を売買できる特定規模電気事業者のこと。PPSともいう。2016年には、電気の小売が完全自由化され、一般家庭でも自由に契約できるようになった。

スケール：温泉や地熱流体に溶解していた成分が温度・圧力の低下、空気との接触、配管表面との反応などによって析出、沈殿、付着したもの。温泉の場合は湯の花やミョウバン（明礬）とも呼ばれ、入浴剤などの用途で採取・販売される一方、配管や熱交換器、坑井の内側に固く付着すると管の閉塞をひきおこす場合がある。SiO_2（アモルファスシリカ）などのシリカスケール、$CaCO_3$（カルサイト）や$CaSO_4$（アンハイドライト）などのカルシウム系スケール、その他にも金属硫化物系のスケールがあり温泉、地熱流体の性状により種類が異なる。

スコーピング：環境アセスメントにおいて、考慮すべき環境影響の項目や評価すべき代替案の範囲を絞込むプロセス。方法書段階にあたる。環境アセスメントを参照。

スティグマ：他者や社会集団によって個人に押し付けられた負のイメージや烙印。

ステークホルダー分析：ステークホルダーを網羅的に特定し、それぞれの属性や立場、利害、関心や主張を整理して把握すること。合意形成の初期において重要なプロセス。

精査段階：試験井の掘削をともない、地下深部の地熱流体に関する情報を収集して流体流動予測や地熱資源量の予測を行う地熱調査の段階。圧力干渉試験をともなう噴気試験や精密地表調査、高密度物理探査、モニタリング調査などを行う。概査段階の後で発電所建設前の段階。

生産井：地熱貯留層から地熱流体を採取するための地熱井。

清水注入方式：発電に用いる蒸気へ清水を注入することで、タービンへのスケール付着を抑制する技術。

セメンチング：坑井の内枠にある円筒状の間隙（アニュラス）にセメントと添加剤を含む水を注入し固化させること。

全量地下還元：生産井から採取した地熱流体の全量を還元井を通じ地下に還元すること。クローズドシステムを参照。

総量規制：一定の地域内で汚染物質の排出または資源の採取の総量を環境保全の観点から許容できる限度にとどめるよう、個々の排出者または採取者に許容量を割り当て規制すること。

た

タービン（回転式原動機）：流体のエネルギーを回転式の翼で受け、回転動力に変換する原動機のこと。地熱発電ではこれに蒸気を当てて機械的動力を得て発電する。

第1～3種特別地域：国立・国定公園の中で、風致の維持のために重要な特別地域のうち、特に重要な地区に指定される特別保護地区以外の部分。重要度に応じて第1種、第2種、第3種に区分される。優れた自然風景を保護するため建築などの各種の行為が規制される。ただし、第2種、第3種には田畑・住宅があるほか、旅館・店舗などの営業活動も行われている。

代表性の担保：協議会への住民代表としての参加や、地域住民へのインタビュー調査の対象者の選定などにおいて、適切に地域の意見を代表できる者を選定したといえる根拠を示すこと。社会的立場による場合や、統計的代表性による場合などがある。

対立（コンフリクト）：立場や主義・主張の違いによって意見が対立すること。環境紛争などに発展する場合がある。

脱炭素社会：二酸化炭素の排出の少ない社会のことで、低炭素社会（low-carbon society）と同じ、あるいそれを進めた（decarbonized ／ carbon-free society）概念。

ダブルフラッシュサイクル方式：シングルフラッシュサイクル方式に加えて、汽水分離したあとの熱水から一次蒸気よりも低圧の二次蒸気を得て、これをタービンの動力源に用いる発電方式。

弾性波：弾性体を伝わる波のこと。反射法を参照。

断裂系：岩盤にできた割れ目（断裂）が複数ネットワーク状に連なりできた系。これにより地下深部における水の流動性や貯留性が確保され地熱貯留層が形成される。

地域の共有資源（ローカル・コモンズ）：地域コミュニティの住民が実質的に所有し、共同で管理、利用する資源のこと。薪や牧草などが例に挙げられ、公共財として考えられる。

〈チェルノブイリ原子力発電所〉の事故：1986年にソビエト連邦（現在のウクライナ）のチェルノブイリ原子力発電所でおきた原子力事故。原子炉が炉心溶融（メルトダウン）を起こし、その後爆発したことで放射性降下物により広範囲が汚染された。史上最悪の原子力事故とされた。

地温勾配：地下は地熱により深いところほど温度が高く、この深度に対する温度の上昇の割合を示す。一般に日本の地殻の浅部では0.03℃/m程度とされるが、地熱地帯ではこの10倍になる場合もある。

地下還元：発電などに用いた後の地熱流体を地下に返送し還元すること。還元井、クローズドシステムを参照。

地殻：地表からマントルまでの間の部分。主に岩石で数千～数万mの厚さがある。地殻が熱で溶融するなどしてできたマグマが比較的地表近くまで上昇してマグマ溜まりを形成する。この付近は温度が1,000℃を超え地熱の熱源となる。

地下水：地表面より下の水。地中へ侵入した水は、地下の帯水層、難透水層の構造と分布に従って、様々に流動し、貯留される。これが地熱で高温になったものが温泉、または地熱流体である。

地球温暖化：気候変動を参照。

地産地消：地域生産・地域消費の略語。地域で生産されたものを地域で消費すること。

窒素酸化物：一酸化窒素（NO）、二酸化窒素（NO_2）など窒素の酸化物の総称でNOxともいう。燃焼などの酸化反応により生成され、特に化石燃料の燃焼の際に発生する。大気中の水と反応し硝酸となり酸性雨の元になるなど、大気汚染物質である。

地熱系：熱源であるマグマ溜まり、熱を蓄える地熱貯留層、熱を運ぶ地下水の三つの要素からなる地熱の系（システム）。

地熱系概念モデル：地下空間の地熱系を概念モデルにしたものであって、地熱構造モデルや地熱流体流動モデルのこと。これを用いて温泉帯水層と地熱貯留層の関係を評価し地熱開発による温泉資源への影響を判断する。

地熱資源調査：地下の地熱資源の存在や利用可能な地熱資源の量を評価するための調査・探査のこと。地熱資源探査または単に地熱調査とも言う。その進展に応じて広域調査段階、概査段階、精査段階などにわけられる。

地熱資源調査のための補助金制度：地熱資源開発を促進するための補助金制度。例えば、JOGMECが国からの補助金を受けて開発事業者が負担する地熱資源調査の一部を助成金として交付する、地熱資源量の把握のための調査事業費助成金制度がある。

地熱資源開発アドバイザリー委員会：地域の地熱資源開発に助言を求める自治体に対し、専門的かつ第三者の視点から情報提供や、専門家の紹介、適切な調査の提案などを行う、地熱資源開発、温泉資源の保護・利用、環境保全に関する専門家で構成されるJOGMECの委員会。

地熱井：地熱資源調査や、地熱資源利用のための坑井。構造試錐井、観測井、試験井、生産井、還元井、補充井などに分類される。

地熱地帯：火山などの周辺でマグマ溜まりからの熱により高温になった地域。温泉の湧出や、地熱地獄の形成など、特異な地形、生態系、景観を有する。

地熱貯留層：断裂系などに地下水がたまり、マグマ溜まりからの熱で高温・高圧の地熱流体が存在する地層部分。その上方や側面はキャップロックなどで覆われている場合がある。

地熱流体：マグマの熱で高温・高圧になった地下水のこと。1,000m から 3,000m 程度の地下深部に存在し、これが溜まっている地層部分が地熱貯留層である。一般に、これを生産井で地表に採取し、そのエネルギーを発電に用いるのが地熱発電である。

地表調査：地熱資源調査のうち、地質調査や物理探査、地化学探査、温泉などを対象にした化学分析などを地表で行う段階の調査。

地方公営企業法：地方公共団体の経営する企業について、その組織や財務、職員の身分などについて定めた法律。1952 年に制定。

着氷影響：地熱発電の冷却塔から排出される水蒸気が原因で、冬季に周辺の樹木へ着氷することで、その生育に害を及ぼす影響のこと。

調査井：地熱資源調査のための坑井。構造試錐井、観測井、試験井などのこと。

超臨界状態：臨界点をこえた温度・圧力にある状態。水の場合は、臨界点（374℃・22.1MPa）を超える状態で超臨界水となり、気体とも液体とも異なる特異な性質を持つ。

超臨界地熱資源：マグマ溜まりの近傍で、地下 3,000m から 5,000m の深部に存在する 500℃前後の温度を持つ超臨界地熱流体のこと。これを用いた地熱発電を超臨界地熱発電と言い、発電出力の大型化が期待され、技術開発が進められている。

超臨界地熱流体：超臨界状態となった地熱流体のこと。

直上噴気：生産井などの主弁から大気へ熱水の混じった蒸気を噴出させること。騒音や着氷影響などの問題があり、近年ではあまり行われない。

低沸点媒体：バイナリサイクル方式に用いる沸点が低い熱媒体。アンモニアやペンタン、代替フロンなどが用いられる。

手続統合型持続可能性アセスメント：持続可能性アセスメントの手続を、開発のプロセスと一体的に運用するもの。これにより、開発プロセスの初期から適切な合意形成と効率的なアセスメントが可能になる

電源比率：電源構成の比率のこと。電力を生産するために用いられるエネルギー源の割合。

電力系統接続：電力系統に接続すること。発電した電気を需要家へ送るためには電力系統への接続が必要であるが、電力系統ではエリアごとに需給のバランスや送電容量の限界など容量面での制約に加え、出力が変動する場合は変動面での制約が生じる。

電力市場の完全自由化：電力自由化を参照。

電力自由化：2000 年に大規模な工場やオフィスビルなどの特別高圧区分に限定して電力小売が自由化され、2004 年には中小ビルや小規模工場などの高圧区分が、2016 年 4 月には家庭などの低圧区分も含めて全面自由化された。これにより新電力事業者の市場参入が促進された。

討論型世論調査：通常の世論調査の後に、参加者に専門的なものも含めて多面的な情報を提供し、その上で十分な議論を経て、再度アンケートを行う世論調査の手法。デリバレイティブポーリング（DP）といい、スタンフォード大学のジェームス・フィシュキン教授らにより発案された。熟議も参照。

特別保護地区：国立・国定公園における特別地域の中で、特に優れた景観を維持するために指定された区域。

特別目的会社（SPC）：資産の流動化に関する法律（1998 年）に基づき、特定の事業を行うことのみを目的に設立された会社。固定価格買取制度（FIT）の導入にともない、再エネ開発においてプロジェクトファイナンスの組成によって SPC を設立する手法が多く用いられる。

独立行政法人石油天然ガス・金属鉱物資源機構（JOGMEC）：日本の民間企業が資源・エネルギー開発に参入するための支援を提供する独立行政法人。

ドライスチーム方式：生産井から得られる地熱流体が乾燥蒸気のみの場合、スケールセパレーターにてスケールを除去した後、その蒸気で直接タービンを回転させる方式。

な

内核（コア）：地球の最深部であり、核（コア）の最も内側の部分。外核の内側。温度は 5,000℃を超えると推定される。

内燃力発電所：ディーゼルエンジンやガスタービンなど、化石燃料をもとに内燃機関を用いて発電する発電所。離島などでよく用いられる。

二酸化硫黄：SO_2、亜硫酸ガスともいう。硫黄酸化物を参照。

熱のカスケード利用：地熱のエネルギーを発電などに利用した後、温度の低下した熱水・蒸気、またはそのエネルギーを二次的、三次的に利用すること。暖房や温室栽培などに利用できる。

は

バイナリーサイクル方式：水よりも沸点の低い低沸点媒体を用いることで、温度や圧力が低い地熱でも媒体を気化させ、その圧力でタービンを回転させて発電を行う方式。地下から採取した地熱流体と媒体の 2 つの系統を用いることからバイナリーと呼ばれる。シングルフラッシュサイクル方式の熱の 2 次利用としても用いることもある。

バイナリー発電：バイナリーサイクル方式を用いた発電。

パリ協定：2015 年にパリで開催された第 21 回気候変動枠組条約締約国会議（COP21）において採択された国際協定。1997 年の京都議定書に続く気候変動に関する国際枠組みで、気候変動枠組条約に加盟するほぼ全てが参加する初めての枠組み。

反射法：地上の起振器から地中に弾性波を送り、地層境界で反射する波や屈折波を地表の受信器で受け、これを一定の範囲で連続して解析することで地層の構造や変化、性質を 2 次元あるいは 3 次元で把握することができる。

ヒートポンプ：熱媒体を用いて、低温から高温へ熱を移動させる技術で、媒体の圧縮・膨張と熱交換を組み合わせたものが一般的。地中熱ヒートポンプでは、地中熱交換機と組合せて冷暖房などに用いる。

東日本大震災：2011 年 3 月 11 日に発生した、東北地方太平洋沖地震とその津波による災害であり、これにともなう福島第一原子力発電所事故による災害をあわせて指す。

微小地震探査：高感度センサーを用いて地下の微小地震を観測し、その震源分布から地層の中の断裂系を探査する技術。熱水が岩石の断裂内を流れる際、音波（地震波）を発生する場合があり、震源位置から断裂の位置が解る。

ビット：掘削機器の先端のドリル部分。PDC ビットも参照。

ヒューリスティクス：必ず正解を導けるわけではないが、短い時間である程度の正解に近い解を得ることが可能な方法を意味し、人の経験に基づいて下される判断などを指す。

評価書：環境アセスメント図書のうち、最終的な結果を取りまとめた報告書。準備書に対するステークホルダーからの意見や、それらへの対応も含む。環境アセスメントも参照。

風洞実験：風洞内に調査対象の地形や構造物の模型などを置き、人工の風を当てることでその振舞いを推定する実験。

不確実性：問題の事象の生起が確実でないことを意味し、その発生確率が不明であること。

負荷変動分電力：季節や気象条件、昼夜等の条件の変化によって変動する需要の電力負荷のこと。

複合的な環境影響：複数の影響要因による環境影響が重ね合わさることで生じる影響のこと。地熱開発では、地熱井が複数ある場合などには、その複数の坑井から地熱エネルギーを採取することで生じる影響を考慮する必要がある。

〈福島第一原子力発電所〉事故：東日本大震災で生じた、東京電力福島第一原子力発電所で発生した炉心溶融を含む放射性物質の放出をともなった一連の事故。国際原子力事象評価尺度で最悪のレベル 7（深刻な事故）に分類される。

復水器：発電に利用した後の高温の蒸気を冷却水との熱交換によって冷却、凝縮し水にする機器。これにより体積が減少し減圧されるため、蒸気の流れが良くなりタービンの効率が高くなる。

普通地域：国立・国定公園および都道府県立自然公園において、特別地域、海域公園地区のいずれにも含まれない地域。大規模な工作物の設置などにおいては届け出が必要。

物理探査：地熱資源調査のうち、重力探査や電磁探査、電気探査、弾性波探査などの物理的な資源探査のこと。

不透水層：キャップロック：キャップロックを参照。

フラッシュサイクル方式：地熱流体から得られる蒸気により発電を行う方式で、シングルフラッシュサイクル方式とダブルフラッシュサイクル方式の総称。

フラッシュ蒸気：高温高圧の地熱流体の一部が、地上の低圧雰囲気で蒸気となる現象をフラッシュといい、その蒸気のことを指す。再蒸発蒸気ともいう。

フラッシュバイナリー複合サイクルシステム：フラッシュサイクル方式で発電を行うと同時に、汽水分離後の熱水を用いてバイナリーサイクル方式の発電を行こなう複合サイクルシステム。二つのシステムをあわせた高効率な発電が可能。

プレート：地殻とマントルの上部をあわせた呼び方で、地球の表面を覆う厚さ 100km ほどの岩盤のこと。

噴気試験：試験井の掘削により地熱流体を地下より採取して行う精査段階の地熱資源調査の一つ。噴気試験時に、圧力干渉試験やトレーサー試験などを行うことで、地下深部の地熱流体の流動系に関する情報が得られる。また噴気試験中は温泉影響モニタリングを実施する。噴出試験ともいう。

分散型エネルギー：各地域や企業、家庭などで再エネなどを用いて、比較的小規模な発電などでエネルギーを分散して利用する概念。地域資源の活用による地域経済効果、環境への対応、災害時のリスク分散などで優れるとされる。これに対する一極集中型エネルギーは、消費地までの送電ロスや災害時の影響広域化といったデメリットがある。

ベースロード電源：電力需要における季節、天候、昼夜などによる負荷変動分を除いた最低水準である基礎負荷（ベースロード）の需要を満たす電源。高い安定性が要求される。

ペンタン：示性式 $CH_3(CH_2)_3CH_3$ で表される直鎖状のアルカン。低沸点媒体として用いられる。

方法書：環境アセスメントにおいてスコーピングの結果を取りまとめた報告書。スコーピングを参照。

補充井：生産井、還元井などの地熱井や温泉井などにおいて、圧力や温度の低下、スケールによる目詰まりなどの問題が生じた場合に、同じ目的で新たに掘削される坑井。

ま

マグマ：地下深部で高温により溶融した岩石物質。温度は 1,000℃前後になり地表に噴出する時に火山が形成される。地表に噴出したマグマを溶岩と呼ぶ。

マグマ性貫入岩：マグマが上昇し、既存の岩石や地層に貫入してできた火成岩のこと。600℃ 以上の高温になる場合がある。

マグマ溜まり：地下深部のマグマが、周りの個体岩石よりも比重が小さいことで浮力を持って地下 1 万 m から 5,000m 程度まで上昇し、浮力を失って滞留したもの。地熱資源の熱源となる。

マントル：地球の内部であって地殻の下層に位置し、核（コア）の外側の部分。地殻の下およそ 2,900km までの厚さを有する。

未利用温泉水：温泉の湯量が豊富で利用量を上回る場合などに、利用されずに河川や海域に放流されている温泉水のこと。または、温度が非常に高く直接浴用に利用できない場合に、その熱を利用せずに大気や河川水にに放出するなどしている場合は未利用温泉エネルギーという。

モニタリング：対象を監視すること。温泉モニタリング、環境監視を参照。

や

ユネスコ：国際連合教育科学文化機関のこと。教育、科学、文化の協力と交流を目的にした国際連合の専門機関。

湯の花：温泉の中の成分が、大気接触などにより冷却され、温泉井や配管、浴槽内に析出・沈殿したもの。硫黄、カルシウム、アルミニウム、鉄、珪素など様々な成分を含み、温泉の性状により異なる。スケールも参照。

余剰源泉水：源泉から利用量を超えて得られる温泉で、河川などに放流される未利用温泉水のこと。

ら

ライフサイクル CO_2 排出量：製品やサービスの製造、輸送、販売、使用、廃棄、再利用までの各段階で排出される CO_2 の量のこと。発電の場合は、燃料生産、燃料輸送、発電、廃棄物処理の各過程を含む。

リードタイム：開発や生産の現場で、プロセスに着手してから完成するまでの所要期間のこと。地熱発電の場合は一般に広域調査段階に着手してから発電所建設、運転開始までの期間を指す。

利害関係者（ステークホルダー）：ある行為の帰結に対し直接または間接的に利害関係を有するもの。開発事業の場合、開発事業によって直接的に利害が及ぶ範囲に加え、間接的な利害が及ぶ範囲、その影響に関心を持つ個人や団体、許認可等を所管する行政なども含まれる。

リグ：坑井を掘削するためのドリルパイプやケーシングパイプを繋ぎ合わせて地下に下ろすためのやぐら状の構造物。

リスクコミュニケーション：地域や社会のリスクに関して、正確な情報を基に、企業や住民、行政などのステークホルダーが専門家を交えて情報を共有し、相互の意思疎通を図ること。合意形成のひとつでもある。

リスクの社会的増幅：一般市民のリスクへの関心を増加させる事象があった場合に一般の市民は不安を増加させ、リスク情報に懐疑的になることでリスクの管理者に対する信頼が低下するという一連の過程が負のフィードバックループとなることでリスクが社会的に増幅するという考え方。

リプレース事業：既存の施設を廃止することで、同地に新たに同種の施設を設置する事業。施設の供用時の環境影響は低減する場合が多い。

硫化水素：化学式 H_2S で表される硫黄と水素の無機化合物。無色で、腐卵臭を持つ気体。火山ガスに含まれる場合がある。硫黄泉の独特の臭いは硫化水素の臭いを含む。

流体生産量：生産井から得られる地熱流体の量、またはそのエネルギーの量。生産井の継続的使用により、温度や圧力が下がり流体生産量が低下する場合がある。

冷却塔：復水器で用いる水などの熱媒体を冷却する熱交換器。空気との接触による冷却で、空気の上昇気流を利用するなどの理由で煙突状の形状となる場合があり、構造物の高さが景観上の問題となることもある。

六次産業化：農業や水産業などの第一次産業の従事者が、食品加工、流通、販売という第二次・第三次産業も同時に行うように経営を多角化することを表す造語。これにより、高付加価値化することで第一次産業を活性化させることが狙い。この概念を電力生産にも応用する試みがある。

略歴

●編著者

諏訪亜紀（すわ・あき）
京都女子大学現代社会学部教授。ロンドン大学 Imperial College 理学修士、ロンドン大学 University College London (Bartlett School of Planning) PhD 取得。国際連合大学高等研究所リサーチフェローを経て 2014 年 3 月から現職。専門分野は、環境政策、再生可能エネルギー政策。主な著書に Urbanization and Climate Co-Benefits: Implementation of Win-win Interventions in Cities（分担、Taylor & Francis Ltd , Routledge、2017）

柴田裕希（しばた・ゆうき）
東邦大学理学部准教授。2009 年東京工業大学大学院博士課程修了。博士（工学）。滋賀県立大学助教、東邦大学専任講師を経て 2018 年 4 月より現職。持続可能性アセスメント、都市・地域計画、合意形成が専門。JICA 環境社会配慮助言委員会委員や自治体の都市計画審議会委員などを務める。主な著書に『都市・地域の持続可能性アセスメント 人口減少時代のプランニングシステム』（分担、学芸出版社、2015）など。

村山武彦（むらやま・たけひこ）
東京工業大学環境・社会理工学院教授。1960 年生まれ。東京工業大学大学院博士課程修了。工学博士。早稲田大創造理工学部教授などを経て現職。環境影響評価、リスク評価による環境計画・政策分野を専門とし、環境省の中央環境審議会、国際協力機構（JICA）などの委員を務め、2008 年から Environmental Impact Assessment Review (Elsevier) の国際編集委員、2010 年から一般社団法人日本リスク研究学会事務局長、2012 年から環境アセスメント学会副会長。

●著者

江原幸雄（えはら・さちお）
NPO 地熱情報研究所代表・九州大学名誉教授。1974 年北海道大学大学院理学研究科地球物理学専攻博士課程 3 年中退。その後、北海道大学助手・九州大学助手・同助教授を経て、1990 年九州大学工学部教授、2004 年九州大学大学院工学研究院教授（地球熱システム学）。2012 年同退職。日本地熱学会会長（2006 〜 2010 年）。

安川香澄（やすかわ・かすみ）
国立研究開発法人産業技術総合研究所（産総研）再生可能エネルギー研究センター副研究センター長。1987 年に東京大学工学部卒業、地質調査所（現産総研）入所。その後、カリフォルニア大学バークレー校より理学修士、九州大学より博士（工学）取得。国際エネルギー機関地熱実施協定の日本副代表。

錦澤滋雄（にしきざわ・しげお）
東京工業大学環境・社会理工学院融合理工学系准教授。1973 年生まれ。東京工業大学工学部卒、同大学院博士後期課程修了。滋賀県立大学環境科学部講師などを経て現職。専門は環境政策・計画、環境アセスメント、再生可能エネルギーの社会的受容性。主な著書に『市民参加と合意形成』（分担、学芸出版社、2005）など。

馬場健司（ばば・けんし）
東京都市大学環境学部教授。1967 年生まれ。筑波大学大学院博士後期課程修了、電力中央研究所上席研究員等を経て現職。専門は環境政策論、合意形成論。近年の著書に『気候変動下における水・土砂災害適応策－社会実装に向けて』（共編著、近代科学社）、“Chapter 24 Asia, IPCC 5th Assessment Report, WG II”（Contributing Author, Intergovernmental Panel on Climate Change）など。

木村誠一郎（きむら・せいいちろう）
（公財）自然エネルギー財団上級研究員、（一社）離島エネルギー研究所理事。1979 年生まれ。九州大学大学院博士後期課程修了。在学中、アイスランドへ留学。三菱重工業㈱、九州大学カーボンニュートラル・エネルギー国際研究所、松下政経塾を経て現職。著書に『Energy Technology Roadmap of Japan』（共著、Springer）。博士（工学）。

上地成就（うえち・じょうじゅ）
㈱レノバ。1987 年生まれ。東京工業大学大学院博士課程修了。博士（工学）。専門はリスク評価・管理、社会心理学、認知科学、環境・エネルギー政策。大学院在籍中、地熱開発に対する社会的受容性の研究に従事、現在は再生可能エネルギーの事業開発を手がける株式会社レノバにて地熱開発を担当。

山東晃大（さんどう・あきひろ）
京都大学経済研究所先端政策分析研究センター研究員。1987 年生まれ。京都大学経済学研究科博士後期課程出身。専門は地域経済学、環境経済学。長崎県小浜温泉の温泉バイナリー発電事業に携わった後、京都大学で地熱発電における地域経済効果を測定する地域付加価値分析の研究に携わる。

長谷川明子（はせがわ・あきこ）
GPSS ホールディングス㈱新規事業グループ、在日アイスランド商工会議所理事。ハルト・インターナショナルビジネススクール MBA 修了。駐日アイスランド大使館商務官時代、日本・アイスランドの地熱分野における連携推進。

地熱ガバナンス研究会

脱温暖化に寄与する再生可能エネルギーの一つである地熱利用には、地産地消のエネルギーとして期待がかかっている。また、世界各国でも地熱への関心は高まっており、欧米やアジアでは我が国を上回る設備容量の伸びを実現している国もある。しかしながら、健全な地熱利用の促進のためには制度上の問題や、社会合意形成の動向を調査する必要がある。本研究会は、熱源としての利用を含めた多様な地熱資源の利用可能性を検討し、関係者の間の利害調整や合意形成に配慮しながら、地域に適した資源利用のあり方を提案することを目的として、2011 年から活動を行っている。

コミュニティと共生する地熱利用
エネルギー自治のためのプランニングと合意形成

2018 年 5 月 31 日　第 1 版第 1 刷発行

編著者　諏訪亜紀・柴田裕希・村山武彦
発行者　前田裕資
発行所　株式会社 学芸出版社
京都市下京区木津屋橋通西洞院東入
〒 600-8216　TEL 075-343-0811
http://www.gakugei-pub.jp/
E-mail info@gakugei-pub.jp

装　丁　美馬智
印　刷　イチダ写真製版
製　本　山崎紙工

ISBN978-4-7615-2678-8　Printed in Japan